DIANWANG YUNJIAN ZHUANYE QUNZHONG CHUANG... SHENGGUO

电网运检专业
群众创新成果

潘 华 雷红才 主 编

中国电力出版社
CHINA ELECTRIC POWER PRESS

内 容 提 要

本书汇编了 2016 年和 2017 年国网湖南省电力有限公司运检业务群众创新实践活动中最富创新性和推广性的优秀成果，按变电类、换流站类、输电类、配电类、智能运检类五个专业类别，详述了创新项目研究目的、成果、创新点和成效。

书中甄选的成果既有利于促进创新成果的推广应用，又可拓宽运检专业技术和管理人员的思维和视野，使其了解和掌握相关项目的创新方式和方法，提升基层单位运检业务创新实践能力。

本书可作为电网企业运维检修人员的学习参考用书，也可供相关管理人员阅读参考。

图书在版编目（CIP）数据

电网运检专业群众创新成果 / 潘华，雷红才主编．—北京：中国电力出版社，2018.6（2019.7 重印）
ISBN 978-7-5198-2178-4

Ⅰ. ①电… Ⅱ. ①潘… ②雷… Ⅲ. ①电网–运营 ②电网–检修 Ⅳ. ①TM7

中国版本图书馆 CIP 数据核字（2018）第 131133 号

出版发行：中国电力出版社
地　　址：北京市东城区北京站西街 19 号（邮政编码 100005）
网　　址：http://www.cepp.sgcc.com.cn
责任编辑：王春娟　邓慧都（010-63412636）
责任校对：常燕昆
装帧设计：赵姗姗
责任印制：石　雷

印　　刷：北京博图彩色印刷有限公司
版　　次：2018 年 6 月第一版
印　　次：2019 年 7 月北京第二次印刷
开　　本：787 毫米×1092 毫米　16 开本
印　　张：13
字　　数：272 千字
印　　数：2501—3500 册
定　　价：95.00 元

编委会

序

　　创新是企业发展的源泉与动力，对电力企业来讲，也是提升本质安全和优质服务水平，提高企业效率、效益的重要举措和途径。

　　近年来，国家电网公司贯彻落实国家"大众创业、万众创新"战略，连续开展运检业务创新实践活动，旨在激发基层单位创新潜力，研究应用新技术、新工艺、新方法和新装备，提升电网安全水平和运检工作效率。通过这个舞台，广大基层员工立足实际、踊跃参与，围绕安全、质量、效率、效益，广泛开展工具革新、技术改造、实物发明、工艺改进等创新活动，在安全生产、优质服务、提质增效等方面取得了突出成绩，涌现出一大批优秀成果，为促进电网企业科学发展作出了积极贡献。

　　电力行业是国民经济发展的基础和保障性行业，事关国家安全、社会稳定、经济发展和百姓生活。然而，我国地域辽阔，不同地区的地理环境和气候特征各异，复杂多变的气象条件引发的雷电、大风、山火、洪涝、冰冻等灾害性天气多发，电网安全稳定运行环境恶劣，电力安全可靠运行保障难度巨大。

　　新时代呼唤新担当，新征程需要新作为。面对电力发展的新形势、新任务和新机遇，广大电力员工需要不断加强新技术、新工艺、新装备的研究、推广和应用，全面强化专业技术管理，做到与时俱进，改革创新，开拓进取，以适应新时代电网安全可靠运行保障和人民日益增长的美好生活需求。

　　希望广大电力员工立足专业和岗位，充分发挥自己的聪明才智，不断拓展思维和思路，创造出更多、更好的优秀创新成果，为我国电力事业的发展与进步添砖加瓦、再立新功！

晏治喜

2018 年 5 月 11 日

前　言

　　国家电网公司于 2016～2017 年开展了两届运检业务群众创新实践活动，涌现出了一大批优秀成果。国网湖南省电力有限公司在两届活动中取得了优异成绩，积累了丰厚经验，为了进一步开展科技创新与实践，促进运检"金点子"在生产实践中的推广应用，构建运检业务员工创新实践长效机制，现遴选部分优秀项目成果汇编成《电网运检专业群众创新成果》。

　　在两届运检业务群众创新实践活动中，公司共收集基层单位上报的创新成果 300余项。编者从安全性、创新性、经济性、可推广性等角度出发，遴选了其中具有代表性的创新项目 40 余篇，并对这些优秀项目进行了再审核、再修改和再完善，最后形成了本书。希望通过本书开启电力员工的智慧源泉，不断开展创新研究，开创事业新天地。

　　由于编者能力和水平有限，书中难免存在不足之处，敬请广大读者批评指正！

编　者

2018 年 6 月

目　录

第一章 变 电

案例一

变压器油"透析"康复装置

一、研究目的

运行变压器油受到铜离子、腐蚀性硫、老化产物等安全威胁影响，导致变压器绝缘性能下降，严重时造成变压器损坏。截至 2016 年底，湖南电网累计发现 238 台（相）110kV 及以上在运变压器油中铜离子含量超过 0.1mg/kg，144 台（相）含有腐蚀性硫。所以变压器油处理是变压器检修的一项重要工作。目前，变压器油质现场处理面临几大难题：① 现有吸附材料性能不佳，铜离子、腐蚀性硫难以去除；② 装置功能单一，安全可靠性不高；③ 停电时间短，传统处理方法耗时长。因此，开展变压器油吸附材料研制和油处理装置开发具有重要意义。

二、研究成果

为了解决油中铜离子、腐蚀性硫难以去除的问题，项目团队开展了以下工作：① 研制新型吸附材料，实现油中铜离子和腐蚀性硫高效去除；② 优化处理流程，解决水分占据吸附剂"活性中心"，改善吸附材料性能问题；③ 研制变压器油"透析"康复装置，具有吸附再生、脱水、脱气、除杂补剂四种功能，大幅提升单位时间内的工作效率，缩短停电时间约 40%，减少人员约 50%。该装置各系统之间无临时连接管路，整机为全不锈钢，耐蚀性强，具有温度、压力保护等功能。系统自动启停，安全可靠性显著提升。真空再生处理装置三维结构图如图 1 所示。

真空再生综合处理装置设计如图 2 所示，该装置已在湖南常德市漳江 1 号主变压器成功应用。装置现场运行安全稳定，处理时间从 5d 减少到 3d，处理后变压器各项油质指标和绝缘电阻大幅提升，处理效果明显。真空再生装置现场应用情况如图 3 所示。

图 1　真空再生处理装置三维结构图

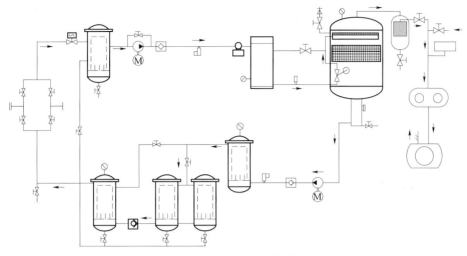

图 2　真空再生综合处理装置设计图

图 3　真空再生装置现场应用情况

三、创新点

（1）研制国际领先的新型吸附材料，对铜离子、腐蚀性硫等难以脱除的物质具有良好脱除效果，相比常规吸附容量提高 3～5 倍，使用量可减少 50%。

（2）优化处理流程，变压器油先通过真空脱水，然后吸附再生，有效减少水分导致的吸附能力损失，吸附速率提高 2～3 倍。

（3）开发国内领先的变压器油"透析"康复装置，将真空、再生、除杂和运行中补油功能有机融合为一体，一套装置、同一时间，可实现四种功能，缩短停电时间 40%，减少工作人员 50%，节省费用 70%。

四、项目成效

1. 安全效益

该装置已在湖南电网中 4 台 220kV 变压器、4 台 110kV 变压器的检修现场应用，处理后的油质均达到新油水平，绝缘电阻恢复至交接水平，并保持稳定。以常德漳江 1 号主变压器为例，该主变压器是湖南电网历年来发现的铜离子含量和油介损最高的运行变压器。采用变压器油"透析"康复装置对该主变压器进行了 3d 吸附再生处理，成效显著。处理后铜离子完全去除，油介损下降 99%、水分下降 53%、气体含量下降 95% 以上，绝缘电阻提高 1 倍。现场推广应用表明，该装置可显著提高变压器绝缘性能，保障变压器安全稳定运行，延长变压器使用寿命，提高供电可靠性。

2. 经济效益

变压器油真空再生处理相比换油节省费用超过 70%，相比传统滤油方式，减少工作人员 50%。以一台 220kV 变压器为例，减少停电时间 2 天，经济效益可达 300 万元。

3. 社会效益

节约社会资源，有效避免废油对环境造成的不良影响。该装置是目前市场上安全可靠性、功能齐全性和经济性最高的产品，具有十分广阔的推广前景。

该项目已申请多项发明专利，并获得发明专利证书，如图 4 所示。

图 4 专利证书

五、项目参与人

国网湖南省电力有限公司电力科学研究院：万涛、周舟、查方林、帅勇、钱晖、龚尚昆、黄敏、吴俊杰、刘凯、徐松、毋靖轩、魏加强、王凌。

案例二

电力线夹一体化加工平台

一、研究目的

电力线夹作为电力系统中连接设备的关键部件，应用数量大、作用至关重要。线夹出厂时通常未钻孔，由于不同厂家、不同设备接线板的安装孔、孔距规格不一致，需根据实际需要进行现场加工。2016 年国家发布的《装备制造业标准化和质量提升规划》，明确提出了"电力装备标准化和质量提升"的要求。传统电力线夹采用手动加工方式，一般手动加工方式存在以下几个问题：

（1）由于操作人员技能水平参差不齐，标准化程度低。导致电力线夹钻孔、接触面处理等各项指标存在差异，标准化程度不高。

（2）加工方式落后，加工费时费力。传统线夹多采用手动加工，不能适应快速开展集中检修模式的要求，在更换大量线夹时，需投入大量的人力、物力，耗时较长。

（3）加工工位分散，加工效率低。电力线夹加工分为标记孔距、钻孔、接触面处理、清洁导流管、涂抹导电脂五道工序。各道工序采用不同的工机具加工，各加工机具摆放位置分散，工序间衔接不紧凑、加工效率低，质量难以保证。

因此，如何提升线夹加工的标准和质量，提高作业效率、减轻劳动强度、保障电网设备安全是亟需解决的问题。

二、研究成果

本项目分析了电力线夹加工的工艺特点，开展了专题攻关：

（1）针对线夹加工标准化程度低的问题，采用数控加工方法，通过编程自动控制线夹钻孔，并进行工序、机具、操作方式的标准化，解决了手动加工线夹标准化程度低的问题。

（2）针对传统加工方式落后，加工费时费力的难题，对传统加工机具进行电气化改造，研发了电动加工机，解决了传统手动加工费时费力的难题。

（3）针对传统加工方式工位分散、加工效率低的问题，将各个加工工位依照加工顺序进行优化组合，集约化整合在同一个加工平台上，解决了传统加工方式工位分散、加工效率低问题，实现了作业半径最小化、作业步骤流水化、作业效率最优化。

平台整机图如图 1 所示。根据电力线夹加工工艺流程的特点，综合考虑了线夹加工流程的最优化、加工机具空间布局的合理性，按照人体工程学原理设计了尺寸为

1860mm×800mm×675mm 的加工平台，按线夹加工流程，平台上依次布置了数控钻孔工位、电动打磨抛光工位、电动清洗工位、电动涂脂工位、电动封装工位等五个工位，满足电力线夹流水线加工的需求，同时平台底部装设万向轮，两侧安装把手，方便平台转运及移动作业。

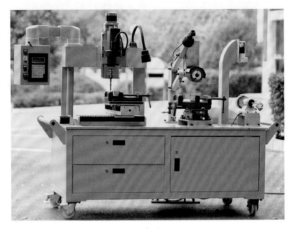

图1　平台整机图

三、创新点

1. 数控加工，标准化程度高

将智能数控钻孔加工方法引入电力线夹加工，实现数控三维定位系统与台钻结合，数控系统可预设孔距参数，可实现菜单化选择，线夹可在二维平面自动移动定位，定位后钻花自动钻孔，解决了传统方式下人工测量、画线、标记线夹钻孔位置导致误差大、手动移动台虎钳定位难度大等问题，实现了线夹全自动加工，无需人工干预，减少了加工工序，降低了人为测量误差，线夹智能定位误差在0.4%以内，定位效率和精度大大优于传统方式，线夹成品标准化程度大大提高。数控钻孔如图2所示。

图2　数控钻孔

2．电动加工，加工效率高

将传统手动加工环节全部进行电气化改造，实现全电动加工，单个线夹加工时间大幅缩短，加工更高效、人员更节省、速度更快捷、质量更可控，从而可快速、批量加工线夹，满足电力工厂化检修需要。

3．流水加工，工序集成度高

电力母线线夹加工平台集成了线夹钻孔、接触面处理、接触面清洗、涂抹导电脂、封装保护五道工序于一体，且按照工序顺序布置，结构紧凑，功能集成度高，可一次性完成线夹全流程加工，也可独立进行单个工艺流程加工，减少人员在各个工位间往返、各个工序衔接的时间浪费，使有效工作时间提高约20%。平台各工位布局图，如图3所示。

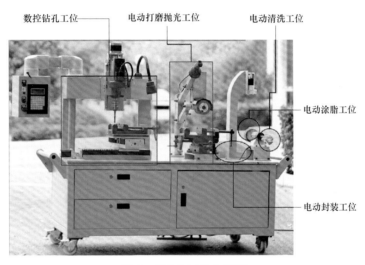

图3 平台各工位布局图

四、项目成效

1．安全效益

采用本加工平台可大幅提高线夹加工的工艺质量，提高电力导线与设备连接的可靠性，减少线夹发热缺陷、降低设备故障率，提高了电网和设备安全运行水平。

2．经济效益

该加工平台实现了电力线夹钻孔、打磨、涂脂、清洗、封装的流水线、批量化作业功能，极大地提高了线夹接触面加工精度和效率，节约了大量人力成本和时间成本。以国网湖南省电力有限公司为例，2016年35kV及以上新投运及大修技改敞开式设备共计16 753台，约需线夹100 518个，传统方式加工单个线夹约12.5min，由两人配合进行，采用该加工机可节约人工费用151万元。目前这项成果已在国网湖南省电力有限公司推广使用，并可广泛应用于电力建设和电网检修等领域。

3. 社会效益

该加工平台的推广可提高电力建设、电网检修、输电检修加工装备水平；提高工作效率、减少设备发热缺陷停电检修的次数；提高供电可靠性。本项目已获得国家实用新型专利1项，专利证书如图4所示。

图4　专利证书

五、项目参与人

国网湖南省电力有限公司检修公司：王立德、李晓武、李俊堂、文超、罗志平、刘卫东、苏展、黄学艺、杨浩、武剑利、姜赤龙、孙威、董凯、张国旗。

案例三

高效可带电变压器水雾自动灭火系统

一、研究目的

变压器是电力能源互联网的动力枢纽，内部含有大量可燃绝缘油，一旦发生火灾，将引发大面积、长时间停电，造成重大财产损失和人员伤亡。据统计，每63～81台变压器在其40年的运行期限会有1台发生火灾事故。现今电力变压器数量巨大，变压器火灾已成为威胁电力安全的重大灾害。如2016年6月18日，某省变电站失火，多台变压器烧毁，故障损失负荷24.3万kW，停电8.65万户，社会影响极大。因此，研究变压器火灾防治技术具有重要的意义。

主变压器烧损事故现场，如图1所示。

图1 2016年某省主变压器烧损事故现场

现在变压器灭火技术中，水喷淋系统灭油火效率低，设备复杂，占地面积大，经济性差，且水具有导电性，带电灭火和系统误动作可导致变压器短路跳闸或设备损坏；泡沫喷淋系统采用合成泡沫灭火剂，导电能力强，不能带电灭火；排油注氮系统只能防范变压器内部原因火灾，不具备主动灭火能力，且存在误动作风险，造成变压器短路跳闸和设备损坏；据统计，为避免变压器误动作，排油注氮系统52%处于关闭状态，48%长期在手动状态，几乎丧失防火能力。因此，现有的变压器灭火系统已成为威胁电网本质安全的短板，亟需带电误动作不跳闸、灭火高效的"可带电、高效变压器自动灭火技术"，保障电网安全。

二、研究成果

1. 项目关键点和难点

项目研究可带电、高效变压器水雾灭火技术与系统，关键点和难点如下：

（1）水是廉价且环保的灭火物质。但消防喷淋水的导电能力强，会降低设备绝缘。高绝缘、可带电的水基灭火技术是一直未能解决的国际性难题。

（2）变压器油属于偏重油，黏度和燃值高，灭火原理不同于常规油类火灾。因此，传统油类灭火液不适用于变压器油火灾扑救。然而，传统灭火液未考虑绝缘问题，采用大量导电离子化合物，不能用于带电环境。亟需研制绝缘性强、灭火高效变压器油火灾灭火液。

（3）现今未有中、高压水雾灭火技术及系统，需要发展系统整体设计，特别是中、高压压力模块的设计；现今未有可实现灭火液在中、高压下自动混合的技术，需要研制中、高压灭火液比例混合装置；水雾灭火技术用于户外时，存在防风性能差问题，需研制抗风型水雾喷头。

2. 项目研究内容和成果

针对以上关键点和难点，本项目具体研究内容和成果如下：

（1）建立了长间隙水雾高压绝缘试验平台，为研究奠定了试验基础。研究获得了雾滴尺寸和密度、电导率以及电压、施放距离等对水雾击穿特性的影响。研究了灭火剂及其组分对水雾绝缘性能的影响。研究了不同水雾特性下空气间隙放电流注的起始电压、发展形态、速度等。研究获得了适用于变压器火灾的带电安全水雾雾滴直径和雾滴含量，提出了高电压环境下水强效雾化绝缘增强的机理。所用试验仪器设备如图2所示。

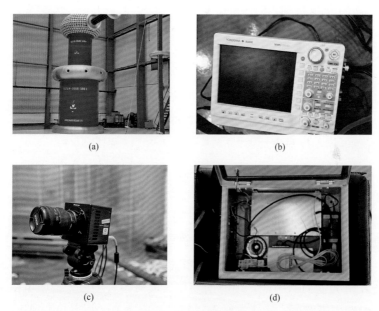

(a)   (b)

(c)   (d)

图 2　试验仪器设备

（a）800kV 工频电源；（b）850E 录波仪；（c）高速摄影仪；（d）泄漏电流测量仪

现场试验如图 3 所示，获得的击穿电压与间隙间距关系对比如图 4 所示。

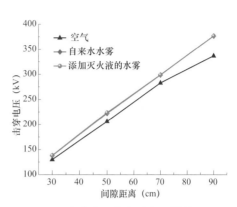

图 3 试验现场

图 4 击穿电压与间隙间距的关系

空气和水雾击穿过程对比，如图 5 和图 6 所示。

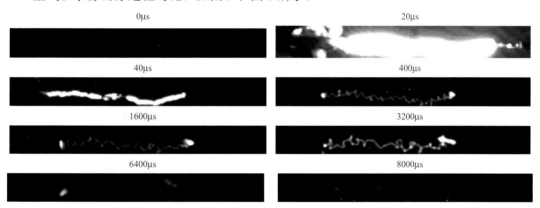

图 5 空气击穿过程

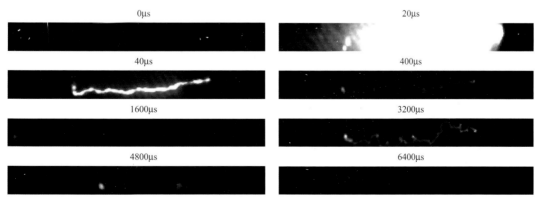

图 6 典型水雾击穿过程

（2）研究了变压器油灭火阻燃机理。由于变压器油黏度较高，通过乳化变压器油，形成"水包油"乳化物，可显著降低燃油的可燃性，实现高效灭火。研制了变压器油乳化带电灭火液。开发低电导率非离子型灭火液组分，研制了低电导率、高效变压器油乳化带电灭火液。利用小型火灾试验筛选配方（图7），开展大型火灾模拟灭火试验（图8）。

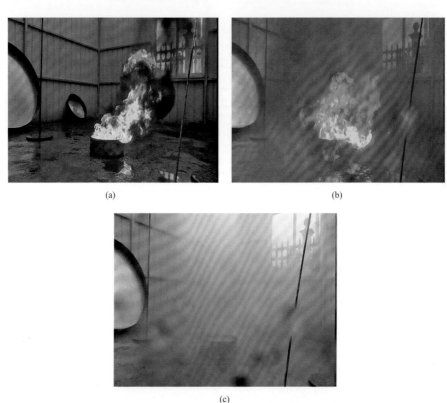

(a)   (b)

(c)

图 7　小型变压器油火试验
（a）灭火前；（b）灭火中；（c）灭火后

(a)   (b)

图 8　大型变压器模拟灭火试验（一）
（a）灭火前；（b）灭火中

（c）

图 8 大型变压器模拟灭火试验（二）

（c）灭火后

建成日产 2t 的灭火液生产间，可实现规模化生产，如图 9 所示。

（3）研制可带电、高效变压器水雾自动灭火系统。设计高效且经济的中、高压压力模块（图 10），完成了系统元件匹配性研究。研制中、高压灭火液比例混合器，实现了灭火剂在中、高压下的精确混合。研制户外防风型水雾喷头，解决了系统户外应用的防风难题。研制了监测预警、定期巡检与自动灭火系统。

图 9 灭火液生产间

图 10 系统压力模块

三、创新点

本项目在水雾带电绝缘机理、变压器油乳化带电灭火液开发、可带电高效灭火系统研制中具有三大创新点，具体如下：

1. 提出了水强效雾化绝缘带电灭火方法

开发了国际首个长间隙水雾高压绝缘试验平台（图 11）；获得水雾雾滴尺寸与击穿场强的规律曲线（图 12），提出带电安全水雾雾滴直径（300～400m）和雾滴含量 [35～50g/（m²•s）]；

揭示"水强效雾化–表面积大、激励能低–捕获大量光子与电子–阻碍放电流注发展–绝缘上升"的水雾雾化绝缘机理（图13）。

图11 水雾绝缘试验平台

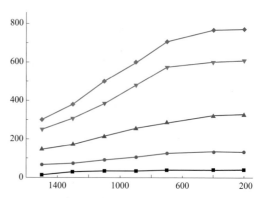

图12 水雾雾滴尺寸与击穿场强的关系曲线

2. 提出了绝缘型灭火液概念

发明了绝缘型变压器油乳化带电灭火液（图14），电导率小于200S/cm；灭火效率较水灭火提升2.8倍（图15）；抗阻塞喷头配方，服役期长至8年。提出了灭火液"隔绝氧气、乳化灭火、抑制自由基放热反应"的三重高效阻燃高效灭火机理（图16）。

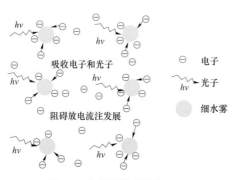

图13 水雾雾化绝缘机理

图14 乳化带电灭火液

图15 大型模拟灭火试验

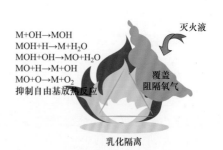

图16 灭火机理

3. 研制了高效可带电变压器水雾灭火系统及水力式比例混合器

国内首次实现了灭火液中、高压下的机械式精确混合，工作压力大于 4MPa，误差小于 2%；可带电、高效变压器水雾灭火系统原理和比例混合器原理如图 17 和图 18 所示。发明了直射–旋流紊流防风水雾喷头（图 19），防风力等级达 5 级；设计了变压器火灾远程监控系统，实现了变压器火灾的远程监控预警、定期巡检与自动灭火。

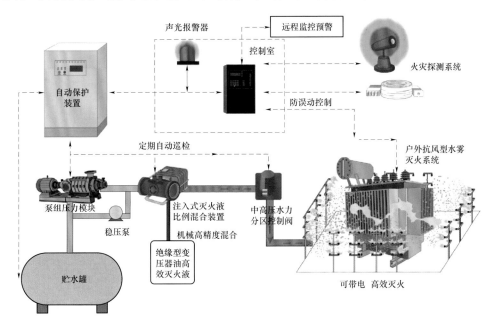

图 17 可带电、高效变压器水雾灭火系统原理

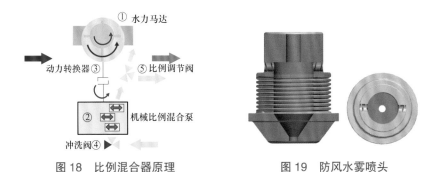

图 18 比例混合器原理　　　　　　　　　图 19 防风水雾喷头

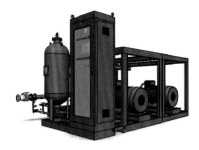

图 20 灭火系统图

通过图 20、表 1 可知，系统可带电、高效灭火，占地面积小，经济性好。

表 1　　　　　本项目与现有变压器灭火技术的比较（3 台主变压器/变电站）

比较项目	水喷淋	泡沫喷淋	排油注氮	本项目	
带电灭火	不能	不能	不能	能	可带电灭火
灭火效率	低	中等	不能主动灭火	高效	高效灭火
可靠性	中等	较低	很低	高	可靠性高
占地面积	>200m²	>40m²	>20m²	约 18m²	占地面积小
经济性	100 万元	70 万元	30 万元	30 万元	与排油注氮相当，经济性好

四、项目成效

本项目已在常德 220kV 同心变电站示范应用，取得良好的应用效果。获得了 3C 认证，装备技术和批量生产条件基本成熟。

1. 经济效益

系统成本与排油注氮系统相当，但防火能力、安全性能较现有变压器灭火系统有质的飞跃。国家消防政策规定，容量大于 90MVA 的变压器需强制安装灭火装置。据统计，截至目前，国家电网公司 110kV 及以上变电站约 20 687 座。另外，近三年来国家电网公司平均每年新增 110kV 及以上变电站 2536 座。估算得知，国网公司每年因新增变电站及更新换代所需的变压器灭火系统约 2000 套，直接经济效益显著。

2. 社会效益

该项目在全国电网广泛推广应用后，可显著提升电网本质安全水平，产生巨大的社会经济效益。系统应用还可避免变压器火灾发生所造成的恶劣社会影响，对维护电网绿色、安全的能源品牌意义重大。

另外，本项目技术先进，不仅适合各电压等级的变压器火灾防治，还可广泛应用于各类油绝缘设备火灾、电缆隧道火灾的防治；通过改进，还可以推广至特高压阀厅火灾的防护，应用潜力巨大。

五、项目参与人

国网湖南省电力有限公司防灾减灾中心：陈宝辉、梁平、吴传平、方针、潘碧宸、孙易成、谭艳军、周秀冬、胡建平、金灵华。

案例四

提升开关类设备局部放电带电检测能力的系列装备及其应用

一、研究目的

开关类设备数量多、应用广，其运行可靠性直接影响电网安全稳定运行。以 GIS 设备为例，近年 GIS 装用量特别是在特高压变电站的装用量迅速增加，而 GIS 结构紧凑、抢修耗时长、停电范围大，其故障已成为影响电网可靠供电的重要因素。随着局部放电带电检测技术的不断推广应用，大部分设备故障得以避免，但也逐步暴露出以下问题：

（1）电力设备局部放电带电检测仪器性能检定体系不完善，造成不合格仪器进入电网系统。

（2）电力设备局部放电带电检测仪器抗干扰和缺陷识别能力不足，直接影响了现场检测结果的准确判断。

（3）检测现场缺少必要的辅助工器具，现场测试工作量大，需开展大量的登高作业，人员存在高空坠落、感应电触电、踩踏 GIS 气体管路造成 SF_6 气体大量泄漏等安全隐患。

为解决上述问题，湖南电科院带电检测技术团队通过理论研究、技术开发与现场验证，研制了提升开关类设备局部放电带电检测能力的系列装备，开展了现场应用，为开关类设备的安全稳定运行提供了有力的技术支撑。

二、研究成果

1. 成果构成

提升开关类设备局部放电带电检测能力的系列装备及其应用项目围绕提高检测仪器检定水平、增强检测仪器抗干扰能力、提升现场检测安全和效率，形成三类研究成果，主要包括：局部放电装备硬件和软件综合检定平台、具有干扰分离和模式分层自动识别的局部放电综合检测装置、提升现场检测安全和效率的系列工具。

2. 主要做法

（1）创新设计了局部放电装备硬件和软件综合检定平台，主要包括硬件性能检测装置、软件性能检测装置及抗干扰评估装置。局部放电带电检测装备性能检测实施方案如图 1 所示。

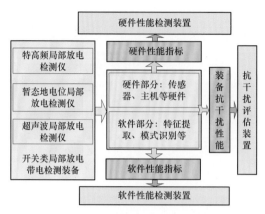

图1　局部放电带电检测装备性能检测实施方案

1）硬件性能检测将发射传感器、标准信号源等分散的模块集成于装置内部，形成一体化的检测平台，对局放装备硬件性能进行检测，解决了原有检测方法操作不便、稳定性差等问题。硬件性能一体化检测平台如图2所示。

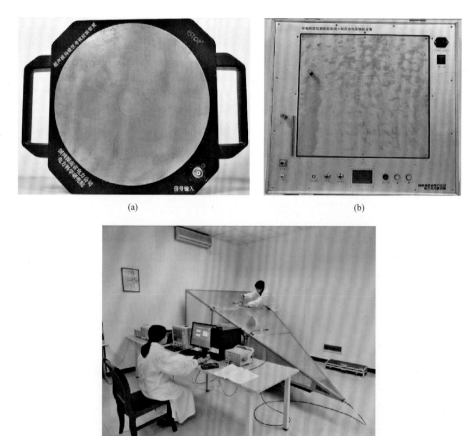

图2　硬件性能一体化检测平台
（a）超声波；（b）暂态地电位；（c）特高频

2）软件性能检测利用数字式放电缺陷信号源和真型局放模拟装置，典型局部放电模拟源如图 3 所示。向局部放电检测装备重复发射某一典型放电信号（尖端放电、悬浮放电、气隙放电和自由微粒放电等），统计分析局部放电检测的诊断结果，以检验局部放电装备的缺陷识别率和灵敏度等软件性能。

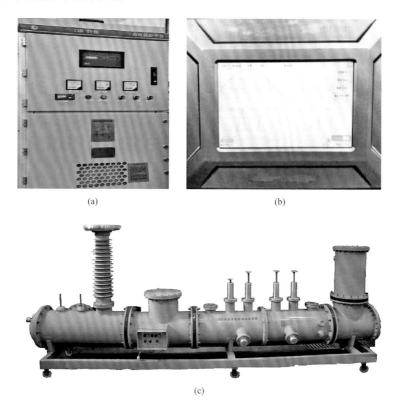

图 3 典型局部放电模拟源

（a）开关柜模拟平台；（b）缺陷模拟信号源；（c）GIS 缺陷模拟平台

（2）提出了波形特征相关分析技术及幅值比聚类分离技术，研制了具有干扰分离和模式分层自动识别的局部放电综合检测装置，具体开发实施方案如图 4 所示。

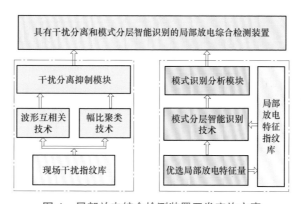

图 4 局部放电综合检测装置开发实施方案

1）提出波形特征互相关分析技术，以抑制通信干扰；提出幅值比聚类分离技术，抑制放电干扰。提出的放电类型诊断采用分层识别技术如图 5 所示。第一层诊断：完成对放电信号和干扰信号的识别；第二层诊断：分别完成对放电信号以及放电干扰类型的识别；第三层诊断：完成对 SF_6 气体绝缘中放电和固体绝缘放电缺陷的具体区分及识别。

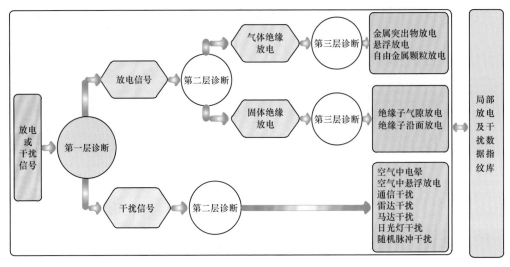

图 5　放电模式分层识别技术

2）基于上述技术，开发了一款具有干扰分离和模式分层自动识别的局部放电综合检测装置如图 6 所示。经验证，本装置较常规仪器缺陷类型平均识别率提高约 14%。

（3）创新设计了提升现场检测安全和效率的系列工具。系列工具包括便携式工器具移动平台、特高频及超声波检测延长杆万向杆、可调式特高频现场检测屏蔽装置，现场检测安全和效率提升系列工具实施方案如图 7 所示。

图 6　局部放电综合检测装置

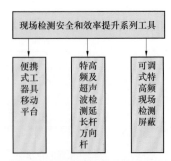

图 7　现场检测安全和效率提升系列工具实施方案

1）便携式工器具移动平台设计为可折叠结构，在贮存和运输时能够将四个支撑腿收起；工作平台分上下两层，增加仪器摆放空间，且下层工作平台可向上移动，便于移动平台折叠。

2）特高频及超声波检测延长万向杆具有多节可拆卸特点，通过可 360°旋转、拆卸的传感器安装云台，使得特高频和超声波传感器可分别以不同角度紧贴 GIS 盆式绝缘子和壳体。

3）可调式现场检测屏蔽工具采用柔软屏蔽布材质，能顺利穿过 GIS 盆式绝缘子跨接排，可全方位包覆盆式绝缘子；采用魔术贴自黏结构，长度可调，适用于不同直径盆式绝缘子。

三、创新点

1. 检测系统的高度集成
研制了局部放电装备硬件性能一体化检测平台，将原有检测系统分散模块高度集成，解决了操作复杂、易受人为因素影响等问题。

2. 新型缺陷放电信号源
研制了数字式缺陷模拟发生装置，集成幅值可调的不同缺陷放电信号源，实现放电类型识别率、灵敏度等关键指标的准确检测，解决现有平台信号不稳定、重复性差的问题。

3. 创新干扰评估方法
提出了局放检测装备抗干扰性能分级评估方法，研制了现场干扰模拟装置，解决了抗干扰性能无法评估的问题。

4. 研制新型局部放电综合检测仪
提出了波形特征相关分析和幅比聚类干扰分离及缺陷类型分层识别技术，研制了具有干扰分离和缺陷类型分层识别的局部放电综合检测仪，解决了现场测试易受电磁干扰影响和局部放电缺陷诊断准确性不足的问题。

5. 研制了现场测试系列工具
设计了双层可折叠便携式移动平台、多节可拆卸式绝缘万向延长杆和专用屏蔽带等系列工具，提高了现场检测安全性和效率。

四、项目成效

项目成果在各类电力竞赛活动和日常生产工作中得到了广泛应用，项目团队应用本项目成果，在 2015 年国家电网公司 GIS 带电检测竞赛中取得了团体第二名。发现各类局放缺陷百余处，其中±400kV 柴达木 GIS 和 500kV 鼎功变 GIS 缺陷检测案例在国家电网公司 GIS 故障通报暨提升措施研讨会上重点展示。2016 年，对湖南省内百余台带电检测仪器设备进行了检测，检测成效显著，被多次报道。项目系列工具的创新性开发及现场应用被工人日报、中工网等新闻媒体报道。

项目申请专利 14 项，其中发明专利 7 项，均已受理；实用新型专利 6 项，均已授权；外观专利 1 项，已授权。发表论文 19 篇，其中 EI 检索 7 篇，中文核心 1 篇，中文核心遴选 11 篇。发布一项 CSEE 技术标准《气体绝缘金属封闭开关设备局部放电带电测试缺陷定位技术应用导则》；出版一本专业培训教材《气体绝缘金属封闭开关设备局部放电带电检测技术》由中国电力出版社发行出版。

项目成果在国网湖南系统已得到广泛应用，提高了检测仪器检定水平，增强了检测仪器抗干扰能力，提升了现场检测安全和效率，确保了人身和设备的安全，取得了良好的安全效益、经济效益和社会效益。

1. 安全效益

工作人员在进行电力设备局部放电带电检测时不再需进行登高作业，避免了高空坠落、感应电伤人的安全风险，确保现场检测人员安全。

2. 经济效益

项目应用可避免低劣产品入网，每年可挽回经济损失 800 余万元，提高了带电检测工作效率，在国网湖南省电力有限公司推广应用，提高了现场检测效率近 40%，每年节约成本约 500 万元。提升了设备绝缘缺陷检出率，避免故障，可节约检修成本约 290 万元。

3. 社会效益

提升了局部放电带电检测能力，可大幅提高电力设备局部放电缺陷检出率，避免设备故障，确保电力设备安全运行，保障社会可靠用电。

五、项目参与人

国网湖南省电力有限公司电力科学研究院：段肖力、李欣、叶会生、谢耀恒、吴水锋、黄海波、李婷、雷红才、孙利朋、黄福勇、范敏、毛文奇、周卫华、刘赟。

案例五

高精度绝缘子爬电距离快速测量专用工具

一、研究目的

输变电设备污闪事故严重威胁电网安全，是电力系统重点防范的事故之一。确定电网污区等级，合理选择设备外绝缘配置是防止电网发生污闪事故的有效措施。根据国家电网公司运维检修部《关于开展输变电设备外绝缘配置校核工作的通知》要求，需精准测量和全面掌握现场设备外绝缘爬电距离，以便于开展现场设备的防污治理工作。

传统方式下测量绝缘子爬电距离主要分为三种方式：皮卷尺类测量法、胶带类测量法、细麻绳类测量法，但传统测量方式存在如下问题：

1. 测量方式落后，测量效率低

传统测量方法需将测量工具紧密贴合在变电设备外绝缘表面，并在绝缘子垂线方向上沿绝缘子外表面曲线测量，由于测量路径不规则、伞裙间距短、测量空间狭小导致测量不方便、测量效率低下。变电设备外绝缘爬电距离示意图，如图1所示。

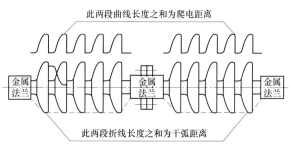

图1 变电设备外绝缘爬电距离示意图

2. 测量工具材质不一，测量误差大

传统测量方法一般采用皮卷尺、胶带、细麻绳类等材料作为测量工具，皮卷尺类材料材质较硬、易打滑，不能紧密贴合在变电设备外绝缘表面；胶带类材料材质较软且有一定的延展性，在黏贴、撕取过程长度会发生变化影响测量精度；细麻绳类材料直径较粗、材质较硬，无法紧密贴合瓷瓶表面，无法完全沿直线方向进行测量，误差较大。

变电设备外绝缘爬电距离的传统测量方式落后，影响检修人员准确、快速掌握变电设备的外绝缘爬电距离，因此，亟需一种测量精度高、测量效率高的测量设备来解决上述问题。

二、研究成果

本成果由数据采集模块、数据运算模块、数据显示模块三个部分构成，采用主动轮、从动轮、光电传感器组成数据采集模块，进行绝缘子爬电距离的采样；设计单片机运算电

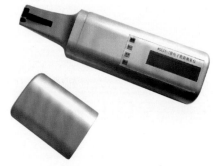

图2　高精度绝缘子爬电距离测量专用工具

路并编程实现采样电信号到测量距离的运算；可达到实时测量、实时输出测量距离的效果。高精度绝缘子爬电距离测量专用工具，如图2所示。

（1）数据采集模块：采用主动轮、从动轮结构，通过主动轮在被测绝缘子外绝缘表面滚动，带动从动轮转动，光电测量模块采集从动轮转动的角度，同时将转动角度转换为电信号输出。

该工具的主动轮贴合被测绝缘子外表面，沿被测绝缘子外表面轴向滚动，通过传动皮带带动从动轮及同轴安装的码盘转动，红外发射/接收器的发射端不断发射红外线，当码盘镂空部分转过时，红外发射/接收器的接收端收到红外信号，并转换为电平信号输出。数据采集部分原理图，如图3所示。

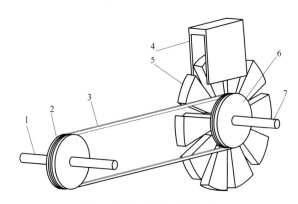

图3　数据采集部分原理图

1、7—转动轴；2—主动轮；3—传动皮带；4—红外发射/接收器；5—码盘；6—从动轮

（2）数据计算模块（控制单元）：接收数据采集模块输出的电平信号，由C51单片机及相关外围电路组成的控制单元，通过运算将电信号转变为长度信息输出。整体原理图，如图4所示。

（3）数据显示模块（显示单元）：显示单元接收控制单元输出的运算数据并显示。

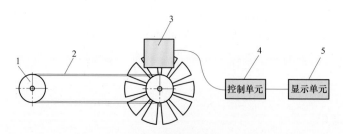

图4　整体原理图

1—主动轮；2—传动带；3—红外发射/接收器；4—控制单元；5—显示单元

三、创新点

1. 同步传动+光电式数据采集，测量精度高

（1）采用主动轮、从动轮结构，滚轮在绝缘子外表面进行滚动测量，有效解决了传统测量工具及方法在绝缘子表面贴合不良、表面打滑、存在延展性变化，测量材料长度发生变化等误差问题；

（2）采用等径主动轮、从动轮结构，保持传动比为1，减少测量误差；

（3）采用光电传感器进行测量数据采样，采样精度高。

通过上述三种方式有效地减少了整体测量误差，测量精度提高至每千毫米测量误差小于4.35mm，高于传统测量方法，精度满足现场爬电距离测量工作要求。

2. 曲线变直测量结构，测量效率高

主动轮沿绝缘子表面做曲线运动，同时等比传动至从动轮，该测量结构将曲线测量转换为直线测量，简化了测量流程，可测量任意不规则表面长度，提高了变电设备外绝缘爬电距离测量效率，减少人工手动调整测量工具时间，测量时间比传统方法平均减少41.9%。

3. 通用性强，测量标准化程度高

该测量工具根据变电设备外绝缘伞裙间距优化滚轮直径，适应伞裙间狭小曲面空间作业，可用于各类规格型号的变电设备外绝缘爬电距离测量；测量轮及皮带传动方式解决了传统测量方法由于测量工具、测量材料不统一，测量结果分散性较大、标准化程度低的问题，测量数据标准化程度高。

四、项目成效

1. 安全效益

现场测量变电设备外绝缘爬电距离需要人员在高处设备本体上进行测量，采用该工具，可以大幅减少人员在高处作业的时间，降低人员高处坠落、高压触电的风险，保障人员作业安全。

2. 经济效益

目前市面上无类似功能的测量工具，该成果在全国推广应用，按每个市级供电公司配置两台计算，全国333个地级市共配置666台，该成果产业化的经济效益可带来约200万元产值；据测算国网湖南省电力有限公司检修公司每年现场检修中使用该测量工具可节约人工成本约20万元，减少高空作业车台班费用约44万元，合计节约64万元。

3. 社会效益

该测量工具操作简便，可显著减少停电测量时间。国网湖南省电力有限公司检修公司现场使用该工具每年可减少电网停电时间19 733min，约合329h。国网湖南省电力有限公司所辖变电站110kV及以上含套管类设备共计64 886台，爬电距离均在2.2m以上，按照每台设备测量时间减少10min，综合可减少10 814h，大大减少了设备停电测量时间，具有

显著的社会效益。

本项目已经获得国家实用新型专利证书，如图 5 所示。

图 5　实用新型专利证书

五、项目参与人

国网湖南省电力有限公司检修公司：王立德、李晓武、潘志敏、梁永超、唐信、李佐胜、王智弘、蒋毅舟、周葛城、张超、曹雅怀、邹英翔、黄明玮、熊旋。

案例六

气动（弹簧）机构断路器移动式应急建压储能装置研制

一、研究目的

气动（弹簧）操动机构具有其出色的稳定性和可靠性，成为早期断路器主要操动机构之一。国网湖南省电力有限公司所辖变电站中，220kV 及以上的气动（弹簧）机构断路器共 197 台，占总量的 14.5%，且 90%以上均已运行超过 10 年，运行中存在如下问题：

1. 储能缺陷频发，设备故障率高

据统计，建压储能单元缺陷在各类故障中占 70%以上，主要故障有空压机损坏、空压机连接管道漏气、逆止阀失效、排水阀漏气、电磁阀失效、安全阀漏气等。

2. 厂家备品备件停产，消缺流程复杂

多数气动（弹簧）机构断路器运行时间久远，大部分原厂零部件已停产。缺陷处置时需对机构内零部件间的连接管道进行改造，费时费力，可能导致消缺不及时。

3. 气动回路漏气率高，易泄压闭锁强停

通常从消缺安排到消缺后设备恢复前后需要约 5h，由于气动（弹簧）机构断路器漏气率较高，压力下降较快，设备消缺前的安全运行风险较高，严重时断路器将泄压闭锁压力造成设备强迫停运。

为解决上述问题，亟需设计加工一套装置作为断路器旁路建压储能单元，在断路器本体建压储能单元发生故障时、临时提供操作功，确保设备安全运行，为故障处理赢取时间。

二、研究成果

项目小组经过广泛调研，研制了气动（弹簧）机构断路器移动式应急建压储能装置套装，建立旁路建压储能单元，临时为故障断路器提供操作功，保证设备安全稳定运行。同时利用断路器自身的截止阀将其建压储能单元隔离后进行缺陷处置。

1. 装置研制

（1）研制移动式应急建压储能装置，建立旁路建压储能单元。利用设计的多功能接头，装置通过断路器储气罐排水阀直接与储气罐相连，将排水阀转换为高压气体注入点，建立旁路建压储能单元，保证设备消缺前的安全运行。该装置也可用作建压储能装置长期运行。

移动式应急建压储能装置如图 1 所示，包括电机、空压机、电源及压力自动控制组件、储压桶等部件，可自动建压至断路器额定操作压力，并通过压力组件实时监测压力值。装置采用一体式结构，且有外部高压管路接口与设备储气罐排水阀相连。

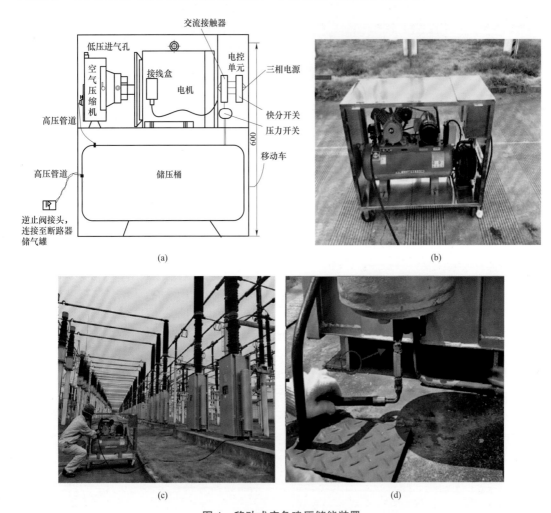

图 1　移动式应急建压储能装置

（a）装置原理图；（b）实物图；（c）装置接入；（d）排水阀接入点

（2）组建压力快速恢复高压联通管路，构建小型集中供气系统。

对于多个间隔均为气动（弹簧）机构断路器布置的变电站，当某间隔断路器建压储能单元发生元器件损坏、漏气或不能打压等缺陷时，可利用压力快速恢复高压联通管路将该间隔断路器与相邻间隔断路器储气罐通过排水阀相连，组建间间小型集中供气系统，为故障断路器提供正常操作功，防止断路器发生闭锁强停，提高系统稳定性。

高压联通管路接头根据储气罐排水阀结构特点设计，通过自封螺栓直接接于排水阀排水孔，管道耐压 60MPa，满足安全性要求。可在 10min 内解除故障，为后续处理赢得时间。高压联通管路构建集中供气系统如图 2 所示。

图 2 高压联通管路构建集中供气系统

（3）研制的多功能接头，兼堵漏消缺功能。针对气动（弹簧）机构储气罐排水阀的结构特点，研制的多功能接头带有逆止阀，若排水阀故障漏气，可做临时封堵装置使用。多功能接头可实现排水阀漏气临时封堵如图 3 所示。

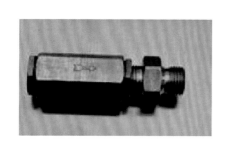

图 3 多功能接头可实现排水阀漏气临时封堵

2. 装置的主要特点

（1）装置安全性高。测试移动式应急建压储能装置打压至 1.6MPa，保压 5h 装置无异常，装置打压至 2MPa 时安全阀动作泄压。现场运行设备实际所需压力为 1.5MPa，能满足现场建压需求。

（2）装置性能稳定。按连续打压时间 1h 测试，移动式应急建压储能装置无过热、损坏等现象，可作为建压储能装置长期运行。

（3）装置储能建压效率高，建压速度快。装置零压至额定压力（1.5MPa）建压时间为 5min，空压机效率高。

（4）保压试验良好。装置在额定压力为 1.5MPa 时保压 10h 压降 0.1MPa。设计的储气罐接头与管道密封良好、无异常。

（5）操作流程简单。移动式应急建压储能装置结构紧凑、移动方便；使用时装置通过储气罐接头、管道与储气罐相连，装置电源可直接从检修电源箱接取。

（6）移动灵活性强。装置整体重量38kg，有锁止结构，运动平稳，移动灵活，适用于各种应急场合。

3. 装置的使用流程

移动建压储能装置的使用，使得气动（弹簧）机构断路器建压储能单元的消缺方法及消缺流程发生变化，具体处理流程如下：

（1）判断断路器建压储能单元故障点，关闭截止阀，隔离故障。

（2）利用压力快速恢复连接管路使断路器操作压力快速恢复至正常范围，保证设备正常运行。

（3）对故障部件进行修复，确保断路器正常运行，消缺时间不受制约。

（4）若故障部件短时间内不能消除，可临时接入移动建压装置，为断路器正常工作提供双保险，确保断路器稳定运行。

三、创新点

移动式建压储能装置，解决了气动（弹簧）机构断路器因建压储能单元消缺不及时引发设备强停故障的问题，主要创新点如下：

1. 解决装置接入难题，建立旁路建压单元

根据气动（弹簧）机构断路器储气罐的特点，利用储气罐排水阀气道与设计制作的多功能接头，实现移动式应急建压储能装置与储气罐的对接，将排水阀转换为高压气体注入点，建立旁路建压储能单元。同时，关闭断路器截止阀隔离自身建压储能单元。装置可在断路器发生建压储能单元元器件损坏、漏气或不能打压等缺陷时，临时提供操作功，防止在缺陷处置过程中断路器泄压闭锁状态。

2. 设计高压联通管路，构建集中供气系统

对于多个间隔均为气动（弹簧）机构断路器布置的变电站，当断路器建压储能单元发生元器件损坏、漏气或不能建压等缺陷时，可利用设计的高压联通管路将本间隔与相邻间隔断路器储气罐通过排水阀相连，构建小型集中供气系统。可在10min内使气动（弹簧）机构故障断路器操作压力恢复至正常，保证了设备的正常运行。

四、项目成效

（1）移动式应急建压储能装置可快速恢复设备操作压力，保证设备正常运行，防止发生闭锁强停，提高供电可靠性，经济效益明显。

（2）该装置已获国家实用新型专利1项，并在国网湖南省电力有限公司处理此类典型缺陷中推广。截至目前，装置已在沙坪、复兴、团山等多个变电站现场应用，成功处置缺陷10余起，有效保障了设备、电网安全运行。

五、项目参与人

国网湖南省电力有限公司检修公司：陈昌雷、梁勇超、张国帆、鲁桥林、夏建勋、夏立、叶子、王远笛、郭伟、曹雅怀、毛文奇、孙威、张国旗、颜碧炎、刘东晓、吕振梅、林文哲、杨颖。

案例七

组合式自立轻便吊装扒杆装置研制

一、研究目的

为确保电网安全稳定运行和供电可靠性，设备抢修、检修等停电时间和停电范围均受到严格限制。部分现场受场地限制吊车等特种车辆无法进入施工现场开展工作，施工人员需采用木扒杆、钢材扒杆及小型吊车等对设备进行吊装施工。现场施工存在以下问题：

（1）木扒杆树立容易，但起吊能力差。

（2）钢材扒杆起吊能力大，但笨重且树立困难。

（3）吊车起吊能力大，方便操作，但自重大、就位难，易压坏电缆沟等。

因此，亟需制作一种质量轻、操作方便、能自立起吊、起吊能力大且便于运输就位的吊装装置，解决部分检修场地无法使用特种车辆的难题。

二、研究成果

1. 结构设计

本项目设计的组合自立轻便吊装装置如图 1 所示，上、中、下依次为扒杆、吊臂、固定抱箍、配重底座及液压动力部分，根据现场需要，扒杆可组合成 8m 或 5m 高度。

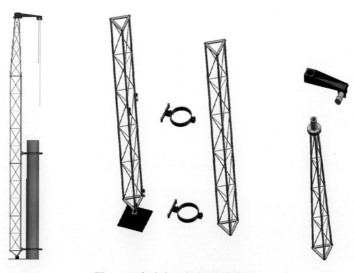

图 1　组合式自立轻便吊装装置

2. 材料选用

为了减轻扒杆自重和达到最大起吊能力的要求,几种金属材料的性能比较如表 1 所示。通过表 1 中各个金属材料性能比较和理论计算,选用钛合金材制作扒杆较合适,由于钛合金弹性模量较小,因此用 33×3.5 钛管制作成三角形框架结构来增加整个扒杆的稳定性。

表 1   几种金属材料的性能比较

序号	材料类型	抗弯强度 σ_b (MPa)	弹性模量 E (10^4MPa)	密度 ρ (g·cm^{-3})	σ_b/ρ	$E/10^4\rho$
1	高强度钛合金	1646	11.76	4.5	366	2.61
2	高强度结构钢	1421	20.58	8	178	2.57
3	超高强度结构钢	1862	20.58	8	233	2.57

3. 驱动设计结构

为确保组合自立轻便吊装装置现场使用安全,装置选择使用轻小的 BMR-80 液压摆线马达与行星减速装置配合为转扬机构输出动力。为确保扒杆在起吊设备时安全、可靠、稳定,在扒杆液压操作系统中加装重量过载保护和失压自保持保护装置。

4. 链条起扬设计

考虑到起重钢丝绳容易受外力破损,且需要加装钢丝绳排序装置,维护量大,在起吊过程中随着钢丝绳的走动钢丝绳滚轮半径也会随着增大,所需起吊扭力随着滚轮半径的增加而会增加。为确保扒杆质量可靠,最大限度的减少扒杆的维护量,本装置采用自制链条起重转扬机,使用链条起重,链条起重转扬机构无需排序装置,维护量小,且链条起重更加可靠。

5. 装置加工制作

加工制作完成的组合式自立轻便吊装装置,上节扒杆包括起转扬吊臂长 2m,总重 17kg,中节、下节扒杆长度均为 3m,重量均为 15kg,5m 长扒杆总重 32kg,8m 长扒杆总重 47kg,只需 2 人便可将总套扒杆及配件分段搬运至现场组合,根据变电站设备电压等级我们组合相对应的扒杆长度:110kV 设备 5m,220kV 设备 8m。分三部分搬运到现场组装。在施工过程中,扒杆现场移动,树立轻便简单、快捷。无需人工树立,利用其自带液压转扬机转动自立,再通过自带抱箍可靠地与电杆基座抱紧,即可起吊安装设备。

三、创新点

(1)组合式自立轻便吊装扒杆装置现场适应性强,不受施工环境、地形条件等限制,如图 2 所示。

(2)扒杆采用液压驱动操作自立、起重,机械化程度高、省力,能避免现场施工人员低压触电。

(3)设备起吊重量大。8m 扒杆起吊能力为 500kg,5m 扒杆起吊能力为 800kg。

(4)组合式自立轻便吊装扒杆装置采用钛合金材料,制作质量轻巧,比刚度高、耐腐蚀、抗疲劳,安全、稳定、可靠。

图2 扒杆使用轻型工具车运输

（5）组合式自立轻便吊装扒杆具有可靠的自我保护装置，起吊过载拒动，液压失压自保持保护装置。

（6）分段制作，现场组合，运输方便，使用一台轻型工具车、2人便可将组合式扒杆运达现场操作树立，起吊设备。

（7）使用链条起重，转扬机构无需排序装置，维护量小，且链条起重相对其他吊索起重更加可靠安全。

四、项目成效

1. 经济效益

原应用工具车或其他施工车辆进入220kV避雷器安装场地施工需耗费大量人力、物力铺设路面，且需扩大设备停电范围，组装一组220kV避雷器通常需要2天时间。现采用组合式自立轻便吊装扒杆组装一组220kV避雷器只需3名技术工人，无需扩大停电范围和铺设路面，6h内即可完成该项工作。

2. 安全效益

采用组合式自立轻便吊装扒杆施工，可避免使用木扒杆或铁扒杆人工树立过程中易造成人员伤害和误触带电设备的安全隐患。

相比起重机等工具车，钛合金制作的组合式自立轻便吊装装置在使用过程中搬运轻巧、方便，起吊设备就位安装省力、安全、可靠，降低了劳动强度，保障了作业人员安全。

该成果相比特种车辆具备不可比拟的场地适用性，已在500kV云田变、220kV茶园变等多座变电站内对电流互感器、电压互感器、避雷器、隔离开关等变电设备进行更换、安装施工，解决了以往变电站内使用扒杆存在的各类弊端，达到初设目标要求，可推广应用于220kV及以下变电站内一次设备机械化吊装施工。现场吊装设备，如图3～图6所示。

图3 吊装110kV电压互感器

图4 吊装室内110kV电缆套管

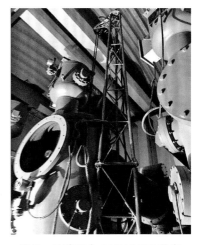

图 5　吊装 110kV 隔离开关　　　　图 6　吊装室内 110kV GIS 设备

五、项目参与人

国网湖南省电力有限公司检修公司：李能、伍艺、曹景亮、陈昌雷、黄继刚、彭劼、王舶仲、范懿、赵鹏。

案例八

10kV 中置式开关柜 TA 更换小车的研制

一、研究目的

变电站 10kV 中置式开关柜内电流互感器（TA）因预留容量不足或负荷增长过快等原因，造成 TA 变比不能满足实际负荷增长需求进行更换。

TA 安装位置如图 1 所示。传统作业时，需要一人用手托住并固定 TA，一人拆装固定螺栓，还需一人钻入电缆室配合拆装内侧固定螺栓。此外，当更换 TA 为不同厂家时，因外形、安装孔尺寸等参数与原设备不同，安装前需多次将新 TA 放置在安装位置进行比对，确保安装工艺符合要求。通常开关柜内空间狭小，现场安装难度大，加上单只 TA 重达 45kg，拆装过程 TA 极易跌落，造成人身、设备损伤，安全风险较大。

图 1　TA 安装位置

为提高 TA 更换工作效率、降低现场作业风险，减少用户停电时间，提高优质服务水平，急需研发一种开关柜内 TA 更换辅助工具。

二、研究成果

针对上述问题，本项目从提高作业效率、降低安全风险、减少停电时间及便捷实用等方面入手，研制了一种集辅助安装、运输传送于一体的 TA 更换小车。

1. 主要成果

该装置结构示意图如图 2 所示，主要由滚轮、升降平台、手摇绞盘等几部分组成。其中，滚轮采用加大型橡胶滚轮，适用于变电站及高压

手摇绞盘

滚轮

图 2　结构示意图

室内特殊地面环境,具有防滑、耐用和适应复杂路况的特点。橡胶轮如图3所示。

小车升降平台的上、下轨道利用槽钢和尼龙轮配合,升降轨道及支撑轴承如图4所示。通过轴承提供支撑,既保证能上下运动,又能给提升物提供有力支撑。手摇绞盘带自锁功能,当重物提升至需要高度时能锁紧位置,防止升降平台和重物自动落下,保障人员安全。手摇绞盘如图5所示。

图3 橡胶轮

图4 升降轨道及支撑轴承

图5 手摇绞盘

2. 产品使用

(1)设备运输。该装置在变电站高压室或工具间等大型吊装设备不能进入的区域均可进行 TA 搬运工作,如图6所示。小车载重最高可达 180kg,一般单个 TA 重量为 45kg 左右,使用本装置一次即可搬运三台。在变电站施工时,该小车还可兼用于运输工具箱、小型设备等重物,降低工作人员的劳动强度。

(2)TA 安装和拆卸。利用本装置将 TA 运输至指定位置后,如图7所示;通过手摇绞盘将 TA 提升至所需高度锁紧位置,再由一人进行螺栓安装作业,如图8所示。原有 TA 的拆除同样无需人工固定,通过 TA 安装小车托住 TA 底部,即可轻松完成螺栓拆卸、TA 拆除工作。应用本装置可显著提高 TA 安装和拆卸的作业效率。

图 6　搬运 TA

图 7　TA 安装

图 8　螺栓安装

三、创新点

1. 具备升降及自锁功能，作业安全性高

通常拆装 TA 螺栓时需人力托住 TA 底部防止发生跌落，作业风险大且耗费人力，该装置利用手摇绞盘将升降平台摇至 TA 固定高度后自锁，然后可很便捷的拧紧 TA 固定螺栓。整个过程无需额外增加人员托住 TA 底部，改变了作业过程需人工长期托住 TA 进行安装的传统作业方法，大大降低了劳动强度；同时避免 TA 更换时发生跌落、磕碰造成人员和设备的损伤，降低了作业环节的安全风险。

2. 具备运输及搬运功能，降低劳动强度

该装置不仅在 TA 更换过程中有托住 TA 省力的作用，而且还可用于 TA、TV、施工工器具、仪器仪表等小型设备的运输和提升，降低人员劳动强度，具备一车多用功能。

四、项目成效

项目成果已在国网湘潭供电公司试用，提升了现场作业安全和工作效率，确保了人身和设备的安全，取得了良好的安全效益、经济效益和社会效益。

1. 安全效益

10kV 中置式开关柜 TA 拆除过程无需人工固定 TA，无需多人配合作业，减少了重物砸伤的安全风险，确保了现场作业人员安全。

2. 经济效益

使用该装置更换一组 10kV 中置式开关柜 TA，人员由原来的 3 人减少至 2 人，节省了人工成本。该装置小车结构简单、小巧便捷，只有升降平台、手摇绞盘、滚轮等几个零部件，重量不足 50kg，单人即可搬运上车，日常维护量少。材料及加工成本仅约 1000 元，适合大规模生产及推广应用。

3. 社会效益

该装置可将更换 TA 的时间由原来的 4h 缩短至 2h 以内，提高了作业效率，减少对用电客户的停电时间，有效提升了优质服务水平。

五、项目参与人

国网湘潭供电公司：张华山、谭湘海、李明、刘海龙、张芳、尹权、陈曾、周健、刘佳鹏、余瑛、刘天然。

案例九

无线钳形相位表

一、研究目的

带负荷检查是电力系统防止继电保护误动、拒动事故的一项重要措施。然而，智能变电站带负荷检查试验接线方式与传统变电站相比面临许多新问题，具体表现在：

（1）接取某间隔汇控柜内 380V 交流环网电压作为参考量的方法，不能准确反映母线电压与电流之间的关系，不能保证方向保护和差动保护正确动作。

（2）接取某间隔汇控柜内线路电压作为参考量的方法，不符合《继电保护和电网安全自动装置检验规程》及《国家电网公司十八项电网重大反事故措施》中要求带负荷检查"测量母线电压与电流的相位关系、计算负荷、保证方向保护及差动保护正确动作"的规定。

（3）针对上述问题，目前智能变电站常用做法是延长试验导线，从母线间隔接取试验母线电压进行带负荷检查，但该方法在母线电压试验线接头处容易产生相–相短路或相–地短路风险，且延长导线，增加试验耗材。目前智能变电站带负荷检查方式如图 1 所示。

本项目研制了一款新型无线钳形相位表，解决目前智能变电站带负荷检查面临的问题。

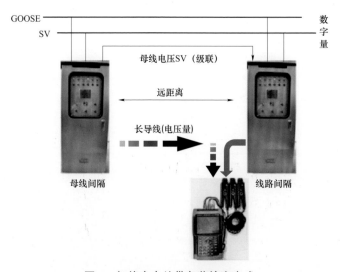

图 1　智能变电站带负荷检查方式

二、研究成果

本创新成果采用主从机设计，分开采集电流和电压，并通过无线方式发送给对方，进行数据处理及分析。该仪器填补了目前智能变电站无方便、实用的专用带负荷检查仪器的空白。

主机、从机实物图如图 2 所示。与智能变电站内传统的带负荷检查仪器相比，该成果摒弃了采用长试验导线进行带负荷检查的方式，通过采用先进的无线传输装置，可有效降低试验中的潜在风险，同时，检测精度也满足试验要求。简便的无线带负荷检查仪器如图 3 所示，传统的带负荷检查仪器及配套试验线如图 4 所示。

图 2 主机、从机实物图

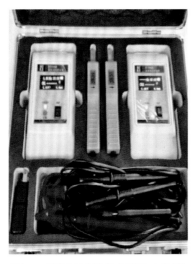

图 3 简便的无线带负荷检查仪器

图 4 传统的带负荷检查仪器及配套试验线

该无线钳形相位表，精度等级为 0.05 级，测试结果 4 位有效数字显示，单位和小数点自动适应；电流分辨率 0.1mA、电压分辨率 0.01V、相位分辨率 0.1°、频率 0.01Hz。无线钳形相位表参数如表 1 所示（在参比条件下的误差极限）。

表 1　　　　　　　　　　无线钳形相位表参数

功能	量程	分辨率	装置误差
电压	500V	0.1V	±（0.3%读数+0.2%量程）
	200V	0.1V	
	20V	0.01V	
电流	10A	10mA	±（0.3%读数+0.2%量程）
	2A	1mA	
	200mA	0.1mA	
相位	360°	0.1°	2°
频率	45～65Hz	0.01Hz	0.05Hz

三、创新点

1. 信号无线传输

该装置设计为主、从机形式，主机与从机在测得电压或电流时，可将数据无线传输给对方，改变了布设长导线带负荷检查的工作模式，杜绝了该过程中易产生的母线短路风险，提高了带负荷检查工作的安全性。解决了智能变电站母线电压与线路间隔电流相距较远难以用传统试验仪器进行试验的难题。

2. 主从机互为备用

主机和从机均具有单独测试电压和电流功能，也可将本装置测试的电流电压发送至对方，进行电压、电流相角的实时比较。

3. 适应复杂情况及恶劣环境能力强

在无障碍环境下，主、从机无线通讯距离约 200m，在有障碍物遮挡或通讯距离较远时，可配备外置天线增强信号发送与接收功能，满足特殊需求。

四、项目成效

1. 经济效益

无需布设长导线，避免了线材损耗，节省了成本。按国网怀化供电公司目前维护的 10 座智能变电站、变电检修室及县公司检修班按需配备两套长试验导线来计算，同时考虑线材损耗，预估一年可节约成本 2 万余元。同时，该装置将传统带负荷检查试验装置改进为无线试验装置，能高效完成带负荷检查工作，降低母线短路的潜在风险，防止继电保护"三误"事故的发生，可有效降低保护误动与拒动风险，给电网安全生产带来显著经济效益。

2. 社会效益

目前，该成果已在国网怀化供电公司所辖 10 座智能变电站和 12 座传统变电站中开展

110 次测试，与传统钳形相位表所测数据比较，测试数据无偏差，可满足带负荷检查试验实际需求。同时，其简单的操作及无线数据传输等优势，便于现场测试，解决了智能变电站不能用传统第三方仪器进行带负荷检查、进行电流和电压测量验证的难题。

五、项目参与人

国网怀化供电公司：谭力、刘清泉、姜涌、李进、龙军、文明、朱沅罗尘、周可。

案例十

防跌落接地线改进

一、研究目的

现有接地线由绝缘杆、软铜线、导线夹三部分构成。导线夹通过弹簧压紧导线，无闭锁、固定装置，存在连接不稳固，易跌落的问题。特别针对变电站中悬垂竖直导线，由于接地线自身重力作用，容易导致接地线从导线上跌落，对现场人员的人身安全构成极大威胁，如图1所示。经调查，电网系统内曾发生过多起因接地线跌落导致人员被感应电压击伤的事故。

人工绑扎如图2所示，为防止竖直导线上接地线跌落，检修时只能采取逐个绑扎的方式，检修完后再逐个拆除。平均拆装一副接地线耗时约 15min，必要时为配合高压试验，需多次拆装，且拆装过程需多人配合，工作效率低，且多次拆装易导致作业人员因临时失去地线保护而引发的人身触电风险。

图 1 挂接不牢固   图 2 人工绑扎

二、研究成果

为解决现有接地线存在的不足，项目组研制了一种防跌落接地线。

1. 装置设计

防跌落装置主要由传动连杆、闭锁杆、压力弹簧、固定螺帽以及两个定位销组成，防跌落装置组件如图3所示。其中，固定螺帽、传动连杆和闭锁杆主要用于闭锁待接地导线，防止导线受外力作用自动滑脱；定位销比原线夹中的定位销长 20mm，凸出部分分别用来限制传动杆和闭锁杆的活动区域，方便作业人员挂接；原线夹中的压力弹簧，孔径小，闭锁杆不能穿过，因此采用较大口径的压力弹簧。

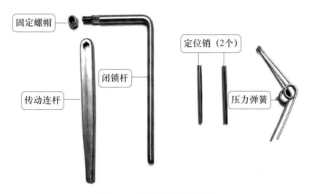

图 3　防跌落装置组件

防跌落装置按图 4（a）进行安装，取下绝缘杆侧两个圆柱销和压力弹簧，采用 5.2mm 钻花电钻对弹簧定位销进行扩孔，更换靠绝缘杆侧线夹内压力弹簧，在弹簧定位孔处两侧分别装设传动连杆、闭锁杆，使两者间夹角约为 60°，并用固定螺帽进行紧固，最后在线夹开口端两侧上下销孔处更换定位销，实现传动杆和闭锁杆的限位即可，防跌落接地实物图如图 4（b）所示。

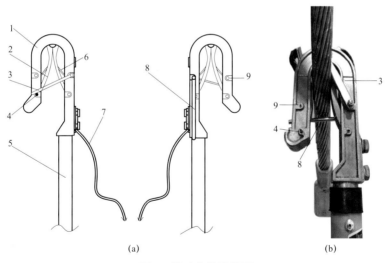

(a)　(b)

图 4　防跌落接地线图

（a）结构图；（b）实物图

1—线夹；2—压板；3—传动连杆；4—传动连杆定位销；5—绝缘操作杆；
6—压力弹簧；7—接地引线；8—闭锁杆；9—闭锁连杆定位销

2. 使用方法及防跌落原理

挂接过程中，导线推动传动连杆顺时针转动；同时，闭锁连杆在联动轴的作用下顺时针向上转动，直至导线全部挂接到位。闭锁杆因摩擦作用受一个向上力，保持闭锁状态，将导线牢牢钳在线夹中实现防脱落。当导线处于竖直状态时，线夹在接地线自身重力作用下使闭锁杆紧靠导线。

地线拆除操作中，只需略抬绝缘操作杆，使闭锁杆与导线分离，解除两者之间作用力，即可轻松取下接地线。

传动连杆定位销和闭锁连杆定位销的作用是防止接地线未使用时，在外力作用下发生"翻斗"现象，减少了每次使用前需调整两连杆角度的麻烦。

三、创新点

1. 接地线牢固可靠，保障现场人员安全

相对现有接地线，能更好地固定在导线尤其是悬垂竖直导线上，避免检修人员误碰接地线导致的线夹松动、跌落事件的发生，有效保障检修人员的人身安全。

图 5　改进型接地线应用

改进型接地线应用如图 5 所示。

2. 减少工作时间，提高工作效率

（1）节省绑扎操作时间。原来对接地线进行绑扎耗时约 15min，使用改进型接地线后耗时为零。尤其是在变电站大型检修时，平均绑扎 6 副地线，可节省检修时间约 90min。

（2）避免高压试验过程中接地线挂装不牢固导致的重复挂装操作，提高工作效率。

3. 结构简单，改装迅速，利于大规模推广

（1）充分利用原有接地线结构特点，仅需在原有接地线导线夹的基础上加装少数零部件即可实现防跌落功能，对原有接地线无破坏，且其使用方法与原接地线无任何差别。

（2）改造成本低，改装难度小，经现场测试 10min 内即可改造一组接地线，便于大规模推广。

四、项目成效

项目成果已在国网湖南省电力有限公司进行了推广和应用，提升了现场作业安全和工作效率，确保了人身和设备安全，取得了良好的安全效益、经济效益和社会效益。

1. 安全效益

检修作业时，可避免接地线因大风或其他外力因素导致接地线脱落情况的发生，大大降低了作业人员因失去接地线保护而发生高压触电的风险，确保现场作业人员安全。

2. 经济效益

该装置在原有接地线线夹的基础上加装少数零部件即可实现防跌落功能，不改变原接地线结构尺寸。改造成本低，改装难度小，且零部件适合批量生产，便于大规模推广。

3. 社会效益

节省了因接地线挂靠不牢而需进行绑扎操作的时间,提高了现场作业效率,缩短了停电时间,提升了供电优质服务水平。

五、项目参与人

国网湘潭供电公司:张华山、陈曾、谭湘海、李明、周健、尹权、张芳、尹莎莎、刘天然。

第二章 换流站

案例一

高压交直流光电流互感器故障诊断分析策略及检测系统研究

一、研究目的

ABB 技术路线光电流互感器光接口板（SG101、SG102）、远端模块（DOCT 系列）及其测量板卡仍缺少有效检测工具和手段，返厂维修周期长，导致现场故障检查、定位及处理耗时较长，不利于安全生产。其光电流互感器及其测量板卡如图 1 所示。

为有效缩短故障检查、定位及处理时间，需研究相应的诊断策略和配套的离线诊断工具，以提高光电流互感器设备故障处置效率。

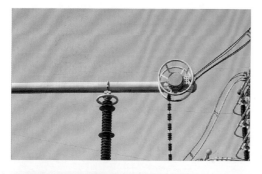

图 1　光电流互感器及其测量板卡示意图

二、研究成果

本项目对 ABB 技术路线交直流光电流互感器故障诊断分析策略进行研究，提出"光电式电流互感器的故障系统化诊断方法"，并成功研制出一套高压交直流光电流互感器板卡离线检测装置。

优化各型号设备故障诊断分析策略，提出改进建议和防范措施。通过各项光参数比对，能有效减少系统计划停运进行故障处理次数，提升高压直流输电系统能量可用率。

同时结合故障诊断策略研制出离线检测光电流互感器测量回路各类板卡的检测系统，实现板卡性能检查，确保更换备品与运行设备正常匹配等技术要求，提高设备运维水平，缩短停电工期，降低安全风险。该项目填补了国内高压直流输电在此领域技术空白，大大提高业内同型设备故障诊断分析水平。

针对故障备件检测问题，项目研究了高压交直流光电流互感器软硬件结构，搭建了整套基于 ABB 技术路线的 MACH2 系统的高压交直流光电流互感器板卡离线检测装置，实现对换流站光电流互感器的检测、光接口板（SG101、SG102）、DOCT 系列远端模块精确故障诊断及完好性检测。

该装置结合已有的 MACH2 系统、光电流互感器接口板和远端模块，实现完整回路的物理仿真，可对备件以及故障板卡进行检测。光电流互感器板卡离线检测装置如图 2 所示。

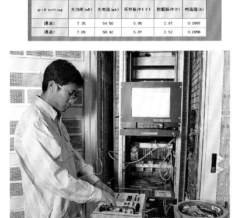

图 2　光电流互感器板卡离线检测装置

三、创新点

本项目共有四大创新点。

（1）成功研制光电流互感器板卡离线检测装置。针对故障备件检测问题，研究了高压交直流光电流互感器软硬件结构，构建了整套光电流互感器板卡离线检测装置，实现对换流站光电流互感器各类板卡精确故障诊断及完好性检测。

（2）根据优化的故障诊断分析策略，制定标准化故障处理流程，实现了光电流互感器故障的快速诊断。开创"光电式电流互感器的故障系统化诊断方法""换流站光电流互感器典型故障分析检测处理策略"等故障分析方法，提高了换流站光电流互感器故障分析检查定位的速度和准确性，有效减少系统临时停运次数和时间，提升高压直流输电系统能量可用率。

（3）提出的多项光电流互感器反措和建议，已纳入国家电网公司《提升直流可靠性280项措施》及《二十一项直流反事故措施及释义》。

（4）将光电流互感器故障判断方式由传统的推测递进法，转变为科学的精准定位法。

四、项目成效

（1）项目研制的光电流互感器测量板卡离线检测系统，突破国外技术垄断，独立自主地实现光电流互感器各类板卡的性能检测。

图3 现场安装的板卡检测装置

本项目"一种带共享功能的视频光纤端面检测装置"获得国家实用新型专利。项目发明专利"一种光电式电流互感器典型故障的系统化检查方法"已通过审核并公开发表。发表技术论文3篇，提出的"光电式电流互感器的故障系统化诊断方法""换流站光电流互感器典型故障分析检测处理策略"已在鹅城换流站成功应用。2015年研制完成一套光电流互感器板卡离线诊断装置，并在鹅城换流站现场安装，如图3所示。

（2）收集整理近百次光电流互感器现场故障数据，对故障现象进行归纳分析，总结梳理所有光电流互感器故障类型，明确不同故障分类处理方法和流程，提炼形成最优故障诊断策略，提高光电流互感器的现场检修效率。项目实施以来，光电流互感器测量板卡检测成本降低90%。

同时，光电流互感器故障处置策略提升了现场处理常规缺陷的标准化水平，对处置交流滤波器光电流互感器故障做出突出贡献。平均光电流互感器故障处理时间大幅度压缩，系统单次故障平均停电时间由6h缩短至4h，效率提高33.3%，确保了故障处理的快速、准确、安全，有效提高了系统安全性、可靠性。

五、项目参与人

国网湖南省电力有限公司检修公司：康文、梁勇超、黎刚、孙鹏、周挺、蒋久松、张宏、郑映斌、武剑利、刘会鹏、方海霞、胡伟。

案例二

可扩展多位节点液位计

一、研究目的

特高压直流输电是全球能源互联网的核心、并已上升到国家战略层面。阀水冷系统作为直流换流站的关键设备，其运行稳定性直接关系到直流系统的可靠运行。目前，换流站各类水池的水位控制全部依赖于传统、固定式浮球实现，如图1所示。

药水池　　　盐水池　　　污水池

图1 换流站水池现场图

据统计，浮球故障次数逐年升高，故障主要原因包括：浮球破裂、接线腐蚀、节点失灵等。浮球故障率高，使用寿命短，已严重威胁到特高压直流输电工程的安全稳定运行。浮球故障引起控制失灵、紊乱，可能导致水位无法自动调节。水位过高溢出淹没设备、水位过低不补水、设备空转损坏等情况，最终导致直流系统强迫停运。在处理传统浮球故障时，检修人员必须将水池排干，人员入池，整个过程耗时长、流程复杂，并存在高空坠落、皮肤腐蚀、低压触电、密闭窒息等人身伤害风险。

由此可见，设计一种新型液位控制装置，提高设备可靠性，杜绝人身伤害风险，成为特高压直流换流站亟需解决的重大技术难题。

二、研究成果

本项目针对浮球易受腐蚀、节点设计简单且故障率高、线路断线、故障处理流程复杂且时间长等问题，对盐池自动补水装置进行了改进，设计了一种防腐蚀防误动可扩展多位节点液位计，如图2所示。可有效降低因浮球故障导致的无法自动补水、无法自动停水的工况的发生概率，提高了阀水冷系统的运行可靠性，同时较大程度地降低了运维检修工作量和人身伤害风险。

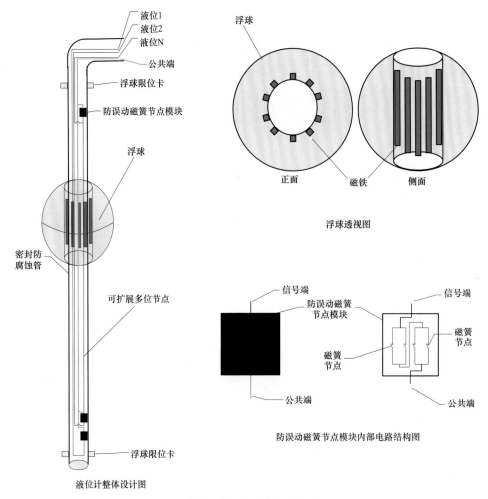

图2　新型液位计设计图

三、创新点

1. 干湿分离

首次提出液位计的分离式设计，采用全密闭结构，节点、回路与水完全隔离，并选用"聚氯乙烯"等高性能防腐材料，延长使用寿命。

2. 整体拆装

首创一体化安装方式，有效缩短故障处理时间和流程，安装或更换实现人员不抽水、不入池，完全杜绝人身伤害风险。

3. 冗余设计

首创液位节点"四取二"冗余逻辑电路，规避节点故障后误动和拒动风险，动作可靠；并创造性地将霍尔原理应用于液位计节点动作，以无源磁感应式代替机械式，不受水流等因素影响。

4. 以一代多

创新采用多液位集成设计，一套液位计替代多个浮球，并可根据液位需要无限扩展；接口与原系统完全兼容，无需电气及软件回路改造，实现无缝对接。

四、项目成效

1. 安全效益

新研制的液位计一个节点模块就有四对磁簧节点，单节点故障不会导致误动作发生，大大减小了节点故障导致误动的概率。新型防腐蚀防误动可扩展多位节点液位计采用的是物理原理，无需电源供电回路。相比市场上的供电型浮球式液位计，它具有设计结构简单、控制性能优良，无需另外接入电源回路等优点，不仅减轻了运维人员日常对设备的维护工作量，同时也减少了潜在的故障点，提高了设备运行的稳定性。新型液位计与传统液位计应用效果对比，如图 3 所示。

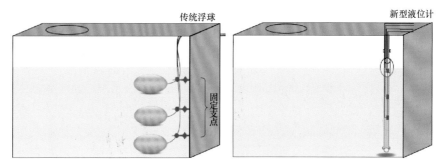

图 3 现场应用对比图

新研制的防腐蚀防误动可扩展多位节点液位计即使故障需更换完全可以避免以往可能产生的机械、坠落、触电、窒息、腐蚀等伤害，杜绝更换过程中的人身伤害事故的发生，安全效益显著。

2. 经济效益

采用新研制的防腐蚀防误动可扩展多位节点液位计，一个盐水池内液位计的经济成本可降低 83%。以一个换流站为例，以一个换流站需要浮球约 200 个计算，如一个不同浮球需 500 元，可节约 8.3 万元，如果能够在更多换流站内推广使用，节约的成本将更多。

新研制的防腐蚀防误动可扩展多位节点液位计便于更换，有效地优化了作业程序，工作效率显著提高，更换工时约为原来的十分之一，大大减少了人力成本并缩短时间。

3. 社会效益

新研制的防腐蚀防误动可扩展多位节点液位计能够可靠动作，提升设备可靠性，有效避免换流站阀外冷保护的误动，同时能够避免人身伤害。在推广方面可以在水电厂、火电厂等需要进行液位测量和液位开关的场所进行使用。

五、项目参与人

国网湖南省电力有限公司检修公司：毛志平、梁勇超、罗志平、刘卫东、武剑利、潘劲、刘源、罗理、孙鹏、蒋久松、周挺、唐恒蔚、李国栋、熊富强、张超峰、王应坤、黄柏忠。

案例三

无线共享型光纤显微镜研制

一、研究目的

常规变电站的光纤通信主要应用于两站之间的保护通信及自动化远动设备中，在换流站和智能变电站，光纤通信更广泛应用于光电流互感器二次回路。光纤连接器是实现光纤通信连接的重要器件。在光纤通信实际维护和故障处理过程中，需先完成光纤连接器端面检测，以便为光纤通信质量提供保证。

超特高压换流站一般位于偏僻地区，检修作业环境相对恶劣。同时与检修基地之间路途遥远，为便于现场维护和检修工作，一般需使用便携式检测仪和设备。而目前市场上提供的便携式光纤显微镜（检测仪）多数只能就地观测，具备视频监控录像功能的光纤端面检测仪体积较大，给检查处理高处空间狭窄的光电流互感器类的直流专业技术人员观测分析图像带来诸多不便，影响检修效率。典型台式和手持式裸眼观察光纤显微镜如图1所示。

图1　台式和手持式裸眼观察光纤显微镜

二、研究成果

针对目前市面购置的光纤显微镜（检测仪）的不足，本项目研制了一款适用于光纤设备"远程医疗"的光纤显微镜，提出一整套光纤故障全新的检测解决方案，实现光纤检修模式大变革。无线共享型光纤显微镜及其应用如图2所示。

无线共享型光纤显微镜具有四大特点：① 更安全，光纤端面检测无需人眼观测，避免激光对人眼的伤害；② 更便捷，光纤端面检测无线连接，远程共享，解决偏远地区及空间狭小区域无法作业的问题；③ 更高效，光纤端面检测实现一站式检测，多方诊断及异地会诊，快速定位，提升检修效率；④ 更智能，光纤端面检测图谱实现存储共享，异常图谱数据库建立和应用，智能提醒现场专业人员分析比对。

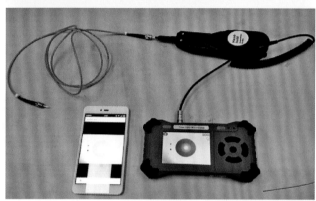

图 2　无线共享型光纤显微镜及其应用

三、创新点

（1）将传统光电转换图像显示存储技术与无线网络传输技术进行有效融合。将传统的光纤放大显微镜图像显示后，通过 WiFi 技术，把放大图像传输至无线局域网内其他设备终端，如智能手机、平板电脑、电脑等，实现传统检修工作中单一观看，向无线多人共享模式转变。

（2）创新了换流站光纤检测施工方法。采用视频检测显示及无线共享方式，实现换流站各类光纤接头的可视化检测及无线远程共享诊断，创新了电力系统换流站光纤检测施工方法。装置利用无线技术进行检测图像数据共享，实现专家远程诊断，提升检修质量和检修效率。

（3）优化运维检修专业分工，规避风险，提高安全效益。通过光纤专业人员与高空特种作业专业人员专业分工，无需光纤通信检修作业人员高空作业，避免高空坠落事故风险，极大提高安全效益。

四、项目成效

1. 安全效益

一是实现光纤端面检测可视化，无需肉眼直接面对光纤，彻底避免激光对人眼伤害。二是手机远程查阅，多人会诊模式，极大降低人工端面检测误判率；三是实现高空等狭小空间作业，安全性得到极大提高。

2. 经济效益

以常规直流换流站控制保护、通信、自动化及一次光 CT 等设备为例。仅控制保护系统 CAN 总线网络光纤在 1000 条以上。光 CT 设备每年需定期运维检修 72 台/套 500kV 交流滤波器光 CT、8 台/套直流滤波器光 CT、4 台/套阀厅光 CT。84 台套光 CT 系统均涉及大量光纤回路高空作业。

在普通光纤检测方式，每个工作面需两人检测核对，工作班成员、工作负责人及把关人需轮流使用肉眼显微镜查看。3 人 1 台高空作业车 1d 可完成 10 台/套光纤检测，滤波器及阀厅光 CT 检测需要 8.4d。共计大型高空作业车 8.4 台·d，作业人员 25.2 人·d。检测 CAN 总线网络光纤，2 人 1d 可检测 100 条，检查完毕需 20 人·d。所有工作完成累计人工 45.2 人·d，车辆台班数 8.4 台·d。

使用新型带无线共享功能的光纤显微镜（检测仪），工作班成员、工作负责人及把关人可同时查看测试结果，且检测质量更高，监护无死角，全面提高检测质量效益。效率极大提升后，高空作业工作时间保守估计为原来三分之一，地面作业工作时间降低一半。采用无线共享远程诊断，大型高空作业车可改为小型作业车。完成同样工作累计人工 18.4 人·d，作业车台班数减少至 2.8 台·d。共计节省人工 26.8 人·d，同时缩短工期 5.6d，效益明显。

以同样方式，进行特高压换流站人工和特种车辆检修估算，如表 1 所示：

表 1　　　　　直流换流站光纤运维检修经济效益统计分析表

序号	工程类型	光纤数量（根）	光 CT 数量	可节约人工及车辆台班费	节约费用	可缩短工期
1	常规直流换流站	1000/站	84 台/套	26.8 人·d 5.6 台·d	16 560 元/站	5.6d/站
2	特高压直流换流站	2000/站	130 台/套	46 人·d 8.7 台·d	26 600 元/站	23d/站
备注	大型阀厅作业车台班费 2000 元/（台·d）			人工费按 200 元/（人·d）		

通过上表分析可以看出，换流站每年可节省 4.316 万元。以换流站运维检修 10 年为例，能节省 43.16 万元。

五、项目参与人

国网湖南省电力有限公司检修公司：康文、蒋久松、张宏、方海霞、郑映斌、武剑利、黄岳奎、高超、刘会鹏、孙鹏、周挺、罗凌。

案例四

直流控保现场检验装置

一、研究目的

高压直流输电是全球能源互联网至关重要的一环，截至 2017 年 9 月，已有 19 个（特）高压直流输电工程（含背靠背工程），35 座换流站投入运行。直流控保是高压直流输电的"大脑"，其性能直接决定高压直流输电的安全稳定运行。然而现有运检技术无法实现投运后直流控保系统的现场检验。由于缺少检验技术手段，现有直流控保自投运后就再未开展现场检验，检修后即直接投入运行。检修质量完全依赖设备制造商，运检人员无法掌控，给高压直流乃至整个电网安全运行带来严重隐患。2015 年某换流站直流控保系统检修后未经检验即投入运行，所更换的板卡存在故障，导致保护误动。随着全球能源互联网战略的持续推进，直流控保现场检验已经迫在眉睫。

高压直流安装调试阶段，直流控保先后通过实验室数模仿真与现场故障实际模拟进行检验。投运后，上述方法已不再适用，投运后直流控保现场检验无法依照调试阶段的方法开展，需要一种符合换流站投运后现场运维检修实际的检验装置及方法。

实现直流控保现场检验的关键难点在于现场如何施加检验信号。直流控制保护外部采样通道，如光电式电流互感器、零磁通电流互感器结构复杂，其采样值并非传统的小电流模拟量。特别是光电式电流互感器，其与直流控保之间的光数字通信规约为私有协议，无法解析，不同型号的设备，规约协议各不相同。现有技术无法实现直流控保现场检验。

二、研究成果

本成果自主设计研发了国内外首套直流控制保护现场检验装置"DCPTE-001 直流保护测试仪"，如图 1 所示，具备不同类型光电式电流互感器、零磁通电流互感器加量能力，提出了一套完整的直流控制保护检验方法，如图 2 所示。该技术实现了直流控制保护现场检验，填补了国内外空白，对保障高压直流输电安全稳定运行意义重大。

所提现场检验方法包含光电式电流互感器通道加量实现方法和零磁通互感器通道加量实现方法。具体方法如下：

1. 光电式电流互感器通道加量实现方法

光电式电流互感器采样通道由本体和光数字转换器共同构成。本体位于被测量的高压一次设备上，由负责测量的罗氏线圈、直流分压器和负责光电转换的光电模块组成。无论

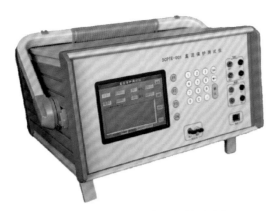

图 1　DCPTE-001 直流保护测试仪

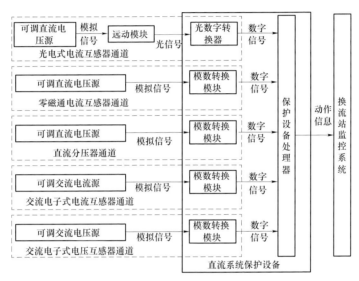

图 2　直流控制保护检验方法

是罗氏线圈或直流分流器，其特性均是输出电压与所测量的一次电流成正比。光电模块将罗氏线圈或直流分流器输出电压信号转换为光数字信号，传输给光数字转换器。光数字转换器，位于控制保护室内，部分型号甚至直接布置在直流控保内部，用于接收、解析来自本体的光数字信号，一般视为直流控保的一部分。

提出了一种不需解析光数字私有协议的光电式电流互感器二次信号模拟方法，如图 3 所示。由所研制现场检验装置的一个加量通道和一个光电模块模拟光电式电流互感器本体，并与直流控制保护中光数字转换器连接；所研制现场检验装置用于模拟光电式电流互感器本体中测量部分；光电模块与其模拟的光电式电流互感器本体中光电模块同厂家同型号，利用其带光数字协议，将所研制现场检验装置输出的模拟量转换为光数字信号，传输给直流控保中的光数字转换器；通过调节所研制现场检验装置的输出，实现外部施加检验信号。

2．零磁通互感器通道加量实现方法

零磁通电流互感器采样通道由本体、电子模块和模数转换模块共同构成。本体位于被

测量的高压一次设备上,由 5 组二次绕组构成。位于控制保护室内的电子模块与二次绕组连接构成零磁通电流互感器测量回路,其功能是将一次测量值转换为二次采样值。模数转换模块布置在直流控保内,用于接收、转换来自电子模块的电压模拟量信号,为直流控制保护的一部分。

提出了一种零磁通电流互感器二次信号模拟方法,如图 4 所示。由所研制现场检验装置的一个加量通道模拟零磁通电流互感器测量回路,并与直流控制保护中模数转换模块连接;通过所研制现场检验装置的输出,实现外部施加检验信号。

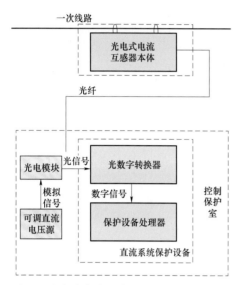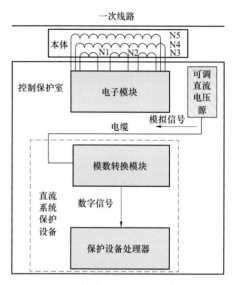

图 3　光电式电流互感器二次信号模拟方法　　　图 4　零磁通电流互感器二次信号模拟方法

三、创新点

本项目具有以下三个创新点:

(1)针对光电式电流互感器通道现场加量困难的难题,提出了光电式电流互感器二次信号模拟方法,无需解析光数字私有协议,实现了光电式电流互感器通道现场施加检验信号。

(2)针对零磁通电流互感器通道现场加量方法缺乏的难题,提出了零磁通电流互感器二次信号模拟方法,仅在二次侧加量,实现了零磁通电流互感器通道现场施加检验信号。

(3)针对直流控保现场检验装置缺乏的难题,研制了国内外首套直流控制保护现场检验装置,具备不同类型光电式电流互感器、零磁通电流互感器加量能力,适用于所有型号直流控制保护系统的现场检验。

四、项目成效

本项目成果具有完全知识产权,授权发明专利 1 项,申请发明专利 4 项,授权实用新型专利 2 项，录用、发表论文 7 篇，其中 EI 源期刊论文 1 篇、核心期刊论文 1 篇、EI 会议论文 1 篇。本成果填补多项国内外空白，经权威机构查新与技术鉴定，"成果达到国际先进水平，对提高高压直流控制保护系统的运行可靠性具有重要实际意义"。

结合鹅城换流站年度检修，所研制装置及方法从 2015 年开始连续三年开展了现场应用，成功完成了涉及光电式电流互感器、零磁通电流互感器采样通道的各类直流保护的现场检验，实现了直流控制保护检修质量可控，获得主管部门和运维单位的高度评价，如图 5 所示。

图 5　现场应用

通过实际应用证明，应用本成果开展现场检验，不会对直流控制保护及一次设备造成不良影响，且全过程均在控制保护室内完成，无需施加大电流或高电压，不会出现向一次设备反送电的情况，不存在人员安全风险，安全可靠性高。

本成果已转化为成熟产品，并通过第三方校准，技术成熟可靠。无需拆卸投运设备，无需改变设备内部接线，无需解析规约协议，对直流控制保护软、硬件性能整体检验，效率极高。成果应用将提高设备可靠性，降低直流控制保护故障率，降低因故障带来的检修成本，降低高压直流输电故障停运造成的运营成本和社会影响，较小的投入即可取得显著的经济和社会效益。

本成果可用于所有型号直流控保系统的现场检验，不受直流控制保护及其外部采样通道技术、厂家、型号的限制，可在国内外换流站广泛推广，对保障电网安全稳定运行作用重大，推广前景广阔。

五、项目参与人

国网湖南省电力有限公司电力科学研究院：吴晋波、刘海峰、熊尚峰、李辉、郭思源、欧阳帆、敖非、徐浩、许立强、康文、张宏、周挺。

案例五

换流站高压直流断路器振荡特性测试系统

一、研究目的

直流断路器作为换流站开断直流电流的重要设备，其转换直流电流的能力是考虑直流断路器性能的一个十分重要的因素。由于直流电流无过零点，因此直流断路器在转换直流电流时需要将直流电流"人工过零"，直流断路器转换直流电流的原理是在常规交流断路器并联 LC 振荡回路，在断路器分合过程中 LC 振荡回路产生振荡电流施加在断路器两端迫使断路器断口两端电流过零，从而达到分断的目的。目前，国内多座换流站曾出现过直流电流转换失败的案例，直流断路器的振荡特性也逐渐受到电网公司的重视。

目前在直流断路器交接试验时，市场上无成套成熟设备，各单位开展该项试验均采用临时搭建系统，无明确的技术参数，不利于现场检测以及检测结果的分析。有鉴于此，对直流断路器振荡特性的测试系统进行研制具有重大的理论价值和实践意义。

二、研究成果

本项目研制了一种成套的直流断路器振荡特性智能测试系统，应用于现场检测。该系统能够提供电压测试及电流测试两种测试信号。系统采用便携式数据采集单元及处理单元，检测灵敏度高、能够实时记录检测数据，并实现对数据的自动分析，降低成本，减轻现场检测工作量。本系统设计原理图如图 1 所示。

三、创新点

（1）本系统采用三种采集数据的方法，可根据现场实际工况自行选择，也可采用三种方法同时检测，对比三种方法检测数据，相互验证，方便现场检测，实现检测结果对比与自检。

（2）本系统采用数据采集与处理系统代替现在使用的示波器，降低成本，方便携带，实现数据的实时显示。

（3）本系统能实现对测试结果的智能计算。

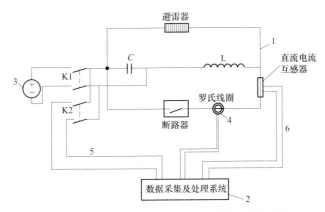

图 1 直流断路器振荡特性智能测试系统原理图

1—被试品直流断路器，其组成包括断路器、电容器 C、电抗器 L、避雷器；2—数据采集及处理系统；
3—直流可调稳压电源；4—罗氏线圈；5—电压测试线；6—直流电流互感器信号线；
K1—直流电源空开；K2—电压测试空开

四、项目成效

（1）采用该系统在现场开展直流断路器振荡特性时，断开被试品中断路器，将直流可调稳压电源经过直流电源空开接至被试品中电容器 C 两端，合上直流电源空开给电容器 C 充电，充电完成后断开空开，合上被试品中断路器，本项目开发的测试系统提供了 3 种测试方法，检测时可选择 3 种中的一种或多种：① 采集电压测试法，采用电压测试线，经过电压测试空开接至电容器 C 两端，测试振荡回路中的电压变化；② 采集电流测试法，将罗氏线圈安装在被试品回路导线上，测试振荡回路的电流变化；③ 间接采集电流法，将直流电流互感器信号线接至直流电流互感器二次端子，测试振荡回路的电流变化情况。三种测试方法测试结果均可同时或单独接入数据采集及处理系统，数据采集及处理系统将三种检测数据进行采集及处理，在屏幕上显示处理，并自动计算出直流断路器振荡回路的振动频率、时间常数、回路电感及阻尼电阻。

（2）采用本系统首次在试验室内完成直流断路器振荡特性模拟试验。

（3）采用本项目开发的振荡特性测试系统，成功完成了韶山换流站高压直流断路器 NBS、NBGS 的振荡特性测试。

五、项目参与人

国网湖南省电力有限公司电力科学研究院：吴水锋、叶会生、黄福勇、黄海波、周挺、毛文奇、段肖力、范敏、李欣。

案例六

特高压换流变压器调压开关吊芯专用吊具研制

一、研究目的

换流变压器是特高压直流输电工程的关键设备，担负着电压转换、电能输送的重要使命，是连接换流、逆变两端接口的重要枢纽。换流变压器的投入和安全稳定运行是支撑特高压直流输电网络、构建能源绿色大动脉的重要支撑。根据现有规程规定，换流变压器调压开关每隔 3～5 年或调档 1 万～2 万次即应进行吊芯检修，伴随着当下直流电网的逐步发展，可以预见未来针对换流变压器调压开关的检修工作工程量巨大。

在进行特高压换流变压器的调压开关检修工作中我们发现，特高压换流变压器由于降噪及防潮要求高，其外部往往会采用 Box-In 装置（即将换流变压器整体放置于一密封盒体内），该配置有效提高了换流变压器运行时的降噪及防潮性能，但在检修作业中却存在着诸多问题，主要表现在：

1. 吊芯作业困难、工作效率低

在换流变压器调压开关吊芯检修作业中，由于 Box-In 装置的存在，若使用吊车进行作业，则必须先拆除顶盖方可进行吊装作业，拆除、恢复工作量极大。同时由于距离远，所需吊车吨位大，吊臂过大过长也占据了本就不宽裕的作业空间，严重限制了检修作业时的吊臂活动范围，调压开关吊芯作业开展十分困难，效率低下。

2. 指挥难度大，施工有风险

同样由于 Box-In 装置的存在，吊车操作人员与指挥人员间存在"一墙之隔"，不能面对面使用起重专用手势交流，沟通严重受阻。双方需配备无线对讲机实时交流，然而由于无线干扰和对话沟通不便，吊车操作人员也无法直接看见吊钩吊臂工作情况，指挥与操作难度极大，施工过程存在误操作起重机械损坏设备的风险。

为了解决面临的问题，急需研究一种新的起重方法或起重工具，达成减少作业人员数量，优化作业安全系数，提升作业效率效益的目的。

二、研究成果

项目研制了一套便携式调压开关吊芯专用工具。该装置轻巧便携、使用方便，只需 2 人即可使用，起吊过程稳定快速。相比起传统的吊车起吊，无需拆除换流变外部附件，成本大大降低，适用于换流变压器调压开关吊芯检修作业。使用该专用吊具，能够显著提升

换流变压器调压开关检修效率和质量，降低维修成本、难度及风险。

1. 主要内容

该专用吊具支柱宽度为 453mm，高度为 2500mm，可承载重量为 2t，整体支撑件采用中空 304 不锈钢，轻便结实，可靠耐用。装置整体结构如图 1 所示，装置设置组装前配件如图 2 所示。

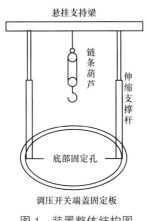

图 1 装置整体结构图

图 2 设置组装前配件图

其优点在于：

（1）构架整体以仿龙门吊结构为主，以门式构架支柱为支撑点、螺栓为紧固件，整体固定调压开关端盖螺栓上，使专用吊具本身水平、牢固、可靠性高；

（2）直立支柱采用伸缩节结构，可根据现场开关型号灵活调节起吊高度；

（3）主体材质采用中空 304 不锈钢，通过现场组装门式构架进行吊装作业。

2. 现场试用

现场施工经验表明，该装置主体结构简单，结构件轻便组装方便，两人配合即可轻松搭建完成，且起吊操作无需拆除外部结构。起吊过程中，操作人员近距离操作，可有效防止碰伤开关芯体。据统计，使用专用吊具法仅需 3 名工作人员 3h 即可完成原本需要 6 名工作人员 2d 完成的工作。现场安装效果如图 3 所示。

三、创新点

（1）首次将无吊车起重作业理念运用于特高压换流变压器检修作业中，创新地研制特高压换流变压器调压开关吊芯专用装置。无需使用大型起重设备、车辆；无需拆除换流变压器外部附件，即可实现换流变压器的调压开关吊

图 3 现场安装图

芯工作，可节省大量人力，极大地提升了换流变压器调压开关的检修效率。

（2）行业内首创组合式起重设备，可进行高空就地起重作业，消除位置狭小高空作业安全隐患。

（3）在电力行业中，由于架空线路的存在，狭小区域的起重作业往往伴随着较高的施工风险，无论是线路对车辆放电或者车辆碰伤周边设备，都是需要避免的问题，本项目成功解决了这一难题。

四、项目成效

随着国家电网公司"三集五大"体系建设的深入开展，特高压直流输电的广泛应用，换流变压器的在运数量将与日俱增。该吊具可实现对换流变压器调压开关吊芯的便捷安全作业，无需拆除外部附件，降低了施工风险，提高检修效率，有效保障了安全生产，具有广阔的应用前景和巨大的经济潜力。

1. 安全效益

在特高压换流变压器调压开关吊芯检修时，首先，不必拆除外部附件，避免了大量的高空起重作业风险；其次，现场无需使用大型起重车辆，减少了车辆误触带电部位的风险；第三，起重操作人员能够目视整个吊芯检修过程，吊具操作使用灵活，便于控制，规避了起重过程中误操作损坏设备的风险，极大地提升了整个换流变压器调压开关检修施工流程的安全系数。

2. 经济效益

该吊具已应用于2017年度鹅城换流站年度检修，完成了极II换流变压器12台调压开关吊芯检修工作，与传统方式经费对比见表1。

表1　　　　　　　　　　专用吊具与传统吊车经费对比

经费项目	专用吊具法	传统吊车法	节约经费（万元）
50t吊车	无	24台班	19.2
人工	3人6d	6人24d	12.6

同时由于采取新工艺，预计24d的工期仅用6d便提前完工，使得该站提前18d恢复送电，产生了巨大的经济效益。此外，该型号产品在对于同类设计自带Box-In的大型换流变压器进行调压开关吊芯检修时均可使用，具有巨大经济潜力。

目前该吊具在鹅城换流站的成功应用及韶山换流站的推广使用计划，标志着本项目的成功实施，同时也为全国各换流站调压开关吊芯检修提供思路及借鉴。该产品设计思路不仅仅可作为特高压换流变压器调压开关吊芯检修使用。通过改进，该吊具更是可在各交流变压器上应用，为作业场地狭小的老旧变电站、起重作业内容仅限为调压开关吊芯检修的各交流变压器检修工程提供新的作业思路及途径。

五、项目参与人

国网湖南省电力有限公司检修公司：郝梓涵、李俊龙、董卓、刘偿、刘秋平、方毅平、肖勇、李波、李文志、谷应科、蔡智勇。

案例七

一种直流隔离开关机械联锁装置的研制

一、研究目的

在直流换流站中，直流隔离开关和接地开关一般包括独立式和组合式两种结构，直流极母线区域一般采用独立式结构；而中性线区域一般设计为组合式结构。组合式直流隔离开关生产厂家较多，但早期投运的换流站，如龙政、江城、宜华等直流工程换流站中均采用荷兰 HAPAM 公司生产的 SSBⅡ-AM-123 型组合式直流隔离开关。根据 GB/T 25091—2010《高压直流隔离开关和接地开关》中的第 5.8 条规定："联锁要求直流隔离开关与其配用的接地开关（独立安装的直流隔离开关除外）之间应有可靠的机械联锁，并应具有实现电气联锁的条件，此条件应符合相应的运行要求。"而 SSBⅡ-AM-123 型组合式直流隔离开关无机械联锁，具有较大的安全隐患，具体表现如下：

（1）当隔离开关处于合闸位置，接地开关处于分闸位置时，两者之间无任何机械联锁，若电气联锁失效，且接地开关接到合闸指令，接地开关导杆将由水平位置向垂直位置旋转，虽不会与隔离开关直接接触，但两者之间的电气距离小，可能造成隔离开关对接地开关放电而发生接地故障。

（2）当隔离开关处于分闸，接地开关处于合闸位置时，两者的机械联锁是通过接地开关导杆末端插入隔离开关刀臂内，实现隔离开关接地的同时，限制了隔离开关的合闸，并非真正意义上的机械联锁。

对此，我们研制出 SSBⅡ-AM-123 型组合式直流隔离开关的机械联锁装置，以达到从装置上杜绝误动隐患，消除直流隔离开关及接地开关的误动风险，提升设备性能，保障直流系统安全可靠运行。

二、研究成果

1. 机械联锁装置工作原理

（1）在隔离开关转动支柱绝缘子底部安装一个隔离开关限位器，在接地开关导杆根部安装一个接地开关限位器，如图 1 中的 1 和 2，接地开

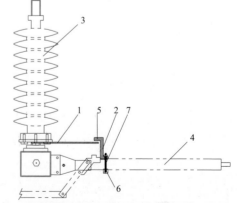

图 1 接地开关合闸闭锁示意图

1—隔离开关限位器；2—接地开关限位器；3—绝缘支柱；4—接地开关；5—限位件；6—连接件；7—螺栓

关限位器可随着接地开关导杆在垂直平面转动 90°，隔离开关限位器可随着隔离开关支柱绝缘子在水平面转动 90°。

（2）当隔离开关处于合闸位置，接地开关处于分闸位置时，如图 1 所示，隔离开关刀臂合上，接地开关导杆处于水平位置。此时接地开关限位器被隔离开关限位器顶住，接地开关的合闸被闭锁。

（3）当隔离开关处于分闸位置，接地开关处于合闸位置时，如图 2 所示，隔离开关刀臂分开，接地开关导杆末端插入隔离开关刀臂槽内。此时机械联锁装置的隔离开关限位器的第二限位部被接地开关限位器的限位件限制住，即隔离开关的合闸被闭锁。

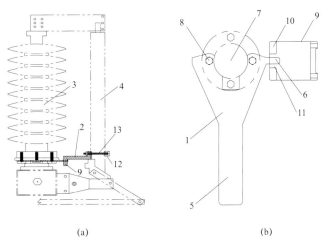

(a)　　　　　　　　　　　　　　(b)

图 2　隔离开关合闸闭锁示意图

（a）侧视图；（b）俯视图

1—隔离开关限位器；2—接地开关限位器；3—绝缘支柱；4—接地开关；5—第一限位部；6—第二限位部；
7—连接凹槽；8—安装孔；9—限位件；10—限位台；11—限位槽；12—连接件；13—螺栓

2. 机械联锁装置的安装与实施

结合 SSBⅡ-AM-123 型组合式直流隔离开关结构特点，研制一种结构简单、可靠的机械联锁装置。新设计的机械联锁装置包括隔离开关限位器和接地开关限位器，如图 3 所示。

图 3　直流隔离开关限位器（左）和接地开关限位器（右）

（1）隔离开关限位器安装

隔离开关限位器安装于隔离开关一侧支柱绝缘子底部，隔离开关限位器如图4所示，限位器主要包括第一限位部、第二限位部、连接凹槽和安装孔，第一限位部和第二限位部的指向应互相垂直。连接凹槽的尺寸应设计成与原隔离开关支柱绝缘子尺寸相吻合，在限位器的三个位置开三个安装孔，利用原隔离开关支柱绝缘子的固定螺栓来固定限位器。安装好的限位器能随着隔离开关的转动而在水平方向转动，转动范围应呈90°的扇形区域。

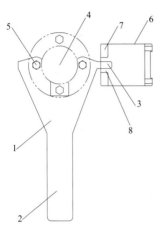

图4 隔离开关限位器示意图（俯视图）

1—隔离开关限位器；2—第一限位部；3—第二限位部；
4—连接凹槽；5—安装孔；6—限位件；
7—限位台；8—限位槽

（2）接地开关限位器安装

接地开关限位器安装于接地开关刀臂根部，如图2所示，限位器包括限位件、连接件和固定螺栓。接地开关限位器通过固定螺栓安装在接地开关根部，其固定位置应与隔离开关限位器相配合，当隔离开关合闸后，第一限位部转动至与接地开关平行的位置，此时接地开关限位器的位置应不能妨碍第一限位部的转动，但又不能离第一限位部太远，距离约1cm左右；接地开关限位器的固定方向应如图2所示，限位件应垂直朝上，如朝下则起不到限位作用。安装好的接地开关限位器能随着接地开关的转动而在垂直方向转动，转动范围应呈90°的扇形区域。

（3）机械联锁验证

1）隔离开关合闸后，闭锁接地开关的合闸

首先确认开关位置状态。隔离开关处于合闸，接地开关处于分闸状态，此时隔离开关限位器和接地开关限位的位置如图5所示。

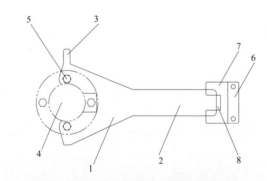

图5 接地开关合闸闭锁示意图（俯视图）

1—隔离开关限位器；2—第一限位部；3—第二限位部；4—连接凹槽；
5—安装孔；6—限位件；7—限位台；8—限位槽

然后解除被试隔离开关与接地开关的电气联锁，远方操作接地开关合闸，结果为接地开关操作机构电机启动，接地开关刀臂在垂直面内向上转动，接地开关限位器与接地开关一起转动，稍微转动后，接地开关限位器的限位件被隔离开关限位器的第一限位部顶住，使得接地开关操作电机无法转动，电机过负荷跳开电机电源，从而闭锁了接地开关的合闸。

2）接地开关合闸后，闭锁隔离开关的合闸

首先确认开关位置状态。隔离开关处于分闸，接地开关处于合闸状态，如图 2 所示。然后解除被试隔离开关与接地开关的电气联锁，远方操作隔离开关合闸，结果为隔离开关操作机构电机启动，由于隔离开关限位器的第二限位部被接地开关限位器的限位槽卡住，接地开关操作机构电机无法转动，电机过负荷跳开电源，从而闭锁了隔离开关的合闸。

三、创新点

原型号直流隔离开关与接地开关之间无机械联锁装置，本项目根据设备结构及功能特点，设计一套机械联锁装置。该装置能有效避免直流隔离开关与接地开关之间误动作问题，是直流隔离开关与接地开关之间的第二道防护。

该装置具有如下优点：

（1）联锁装置采用高强度 7075 铝合金，结构紧密，耐腐蚀效果强；

（2）不增加中间联动环节，结构简单、实用；

（3）装置采用高强度螺栓固定，无需改变直流隔离开关结构及性能；

（4）安装于直流隔离开关支架及接地开关导杆上，处于零电位，对周围电场无影响。

四、项目成效

1. 安全效益

该直流隔离开关机械联锁装置获得国家实用新型专利一项。增加机械联锁装置后，相当于增加了一套保护措施，从根本上杜绝了组合式直流隔离开关误接地隐患。

2. 经济效益

如果更换新型具有机械联锁的组合式直流隔离开关，预计单台费用 22 万元，一个换流站共有 8 台此类型直流隔离开关，如更换所有隔离开关需费用 176 万元。而对每台直流隔离开关安装一套机械联锁装置费用共约 0.4 万元，一个换流站仅需 3.2 万元，可节省 98% 的改造费用，经济效益可观。

五、项目参与人

国网湖南省电力有限公司检修公司：黄岳奎、刘会鹏、高超、田桂花、张宏、康文、郑映斌。

案例八

启用直流功率自动升降功能研究及优化

一、研究目的

高压直流输电工程为大电网间联络线，对电网影响大，且具有灵活调节各个电网间潮流的特点。目前各个直流工程中，每日的功率调整点往往有几十个之多，并全部由人工完成，需要 3~6h 的连续操作，极大考验运维人员劳动强度。功率的调整往往涉及各个电网间的稳定，稍有差错即可能导致严重的电网事故。在长时间、高强度的连续操作过程中，很难保证人为操作的 100%正确性，这也是各个直流输电工程亟待解决的重大问题。

二、研究成果

项目研制详细的自动功率升降程序使用方案，采用自动计算模式换算国调调度曲线的调整时间和调整速率，极大的减少了直流功率调整所需工时数，并且将正确率稳定于 100%，提高了直流功率调整的效率和正确率。

项目研制的自动功率升降程序在国家电网公司的直流换流站中率先应用在鹅城换流站，鹅城换流站经过 6 年来的实际应用未发生功率异常调节，验证了自动功率升降程序的可靠性和稳定性，大大提高了工作效率，有效降低误操作风险。在长期实践运用中，累积了大量宝贵的经验并结合实际进行了优化，形成了《自动功率升降操作方法》《自动功率程序应用》等多个技术文档和学习资料，为直流工程自动功率程序的应用推广奠定了坚实的基础，该经验已推广到国家电网公司其他换流站，为直流输电技术管理积累了成功经验。

三、创新点

鹅城换流站在国家电网公司的直流换流站中率先启用自动功率升降，形成了详细的自动功率升降程序使用方案，采用自动计算模式换算国调调度曲线的调整时间和调整速率，极大的减少了直流功率调整所需工时数，并且将正确率稳定于 100%，提高了直流功率调整的效率和正确率。启用自动功率升降后，使用效果如图 1 所示。

项目具有以下创新点：

（1）大幅提高工作效率，避免多次反复履行操作手续，每日数十个功率调整点仅一次操作。

（2）大幅降低操作风险，功率变化点由系统自动调整，防止手动操作带来的风险。

（3）提升并保证自动操作安全性，每个功率变化点设提醒闹钟，单人监视功率调整正确及时；各个工况转换、跨天时功率变化的连续性无误。

（4）优化自动换算功能，研发调度计划功率计算表，以自动计算功率开始操作时间和功率调整速率，提前操作。

 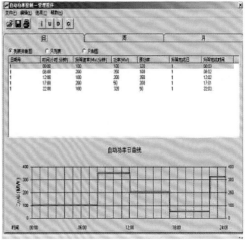

(a)　　　　　　　　　　　　　　　(b)

图 1　使用效果图

（a）实施前使用大量工作票；（b）实施后一次操作实现

四、项目成效

课题实施后，鹅城站功率升降操作票月平均操作项数由 2120 项下降了 810 项，下降了 61.7%；月平均操作次数由 73 次下降至 15.1 次，下降了 79.3%；月平均操作总时间由 854min 下降至 75.4min，下降了 91%；大大降低了运行人员的操作量，提高工作效率。

操作票月平均正确率分别由 2010、2011 年的 99.37%、99.32% 提高到 2012 年的 100%，分别增长 0.63、0.68 个百分点，操作项数月平均下降了 1200 项，同时实现了功率调整操作预控，确保功率调整正确率 100%。

五、项目参与人

国网湖南省电力有限公司检修公司：蒋久松、刘国云、孙鹏、康文、毛志平、郑映斌、武剑利、王鹏、刘会鹏。

第三章　输　电

案例一

±800kV 直流输电线路零值绝缘子带电检测机器人

一、研究目的

特高压输电线路作为全球能源互联网主干网架，覆盖国土面积 300 多万平方公里。绝缘子是线路的重要电气部分，绝缘子的优劣是线路安全运行的关键，雷电、雾霾、扬尘、自然老化等因素易导致绝缘子绝缘电阻降低，严重影响电网安全。因此，线路中瓷质低、零值绝缘子的检测是保证输电线路运行安全稳定的重要工作。由于在特高压输电线路上绝缘子串长、安全距离大，现有装备与技术方法难以对绝缘子进行检测，因此需要研发适用于特高压输电线路零值绝缘子在线检测方法及工具。

二、研究成果

本项目针对现有工具实现特高压线路零值绝缘子检测的局限性，研制了零值绝缘子带电检测机器人。带电检测机器人由机械系统、控制系统、检测系统组成，能自主识别并抓持绝缘子钢帽、自主准确翻越绝缘子、自主检测并记录绝缘子信息，通过无线网络与地面人员建立信息互通，对不合格绝缘子可实现两种报警（即声音报警、颜色报警），完成任务后可自主返回。

项目开发了智能手机 APP 控制软件，具有自动和手动两种操作界面，可由计算机读取检测数据。一次充电可连续翻越并检测 1500 片绝缘子，电源可实现快速更换，满足工作需要。

该装置已申请国家专利 11 项，具有 3 个明显特点：

（1）多种传感器与机械自锁相结合，安全可靠。

（2）消除泄漏电流对测量结果误差影响，检测精准。

（3）无需地面基站控制，重量轻，使用方便。

该机器人可用于超、特高压输电线路在带电或停电状况下的绝缘子精准检测，可沿水平、垂直等不同悬挂型式下的绝缘子串翻越，可广泛应用于线路的日常维护与验收工作中。

三、创新点

1. 创新设计了绝缘子机械抓手

针对绝缘子钢帽弧形表面难以夹紧的难题有：① 设计了具有内弧形结构的夹持手

指，通过曲柄滑块机构、丝杠螺母机构与同一电机连接，保证联动配合，丝杠螺母机构确保机器人在断电情况下也能反向自锁，使机器人抓手可靠牢固夹持绝缘子。② 通过分析融合手指内的力传感器与位置传感器信息，调节手指开合角度，实现对不同盘径绝缘子钢帽的自适应夹持，确保机器人翻转安全可靠。绝缘子机械抓手如图 1所示。

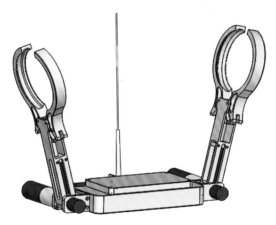

图 1　绝缘子机械抓手

2. 首创跟斗式攀爬运动方式

（1）针对绝缘子串的不同悬挂型式，依据仿生学原理，开创翻跟斗式方法翻越绝缘子，解决了机器人在绝缘子串上难以自由运动的难题。机器人结构紧凑，重量轻，体积小，安装方便。跟斗式攀爬运动方式如图 2 所示。

（2）开发了手持终端 APP，替代了传统的地面基站，操作更简单，使用更方便。确保机器人高效翻越绝缘子。

图 2　跟斗式攀爬运动方式

3. 创新提出了在运行中绝缘子绝缘电阻精准检测方法

（1）针对受绝缘子泄漏电流影响无法实现绝缘电阻检测的难题，通过对被检测绝缘子搭建旁路来消除泄漏电流影响，采用惠斯通电桥检测原理，实现对绝缘子阻值的精准检测。

检测原理如图 3 所示，检测模块电路如图 4 所示。

（2）开发了绝缘子记录与分析软件，建立数据库，对不合格绝缘子自动识别与报警，实现了全寿命周期管理，为掌握运行中绝缘子劣化规律提供了数据支撑。

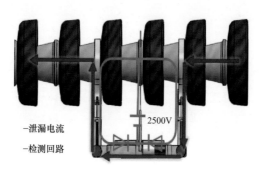

图 3　绝缘子绝缘电阻检测

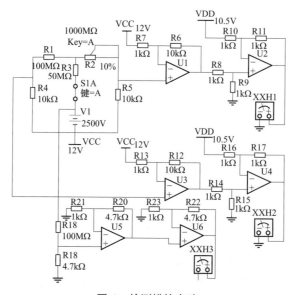

图 4　检测模块电路

四、项目成效

2015 年 6 月以来，该检测机器人已在国网湖南省检修公司带电作业中心推广应用，在 ±800kV 线路上开展带电检测 4 次，累计减少停电 4h，多供电量 3.2 亿 kWh，新增电量销售 1.88 亿元，相当于节约标准煤 12.92 万 t，减排 CO_2、SO_2 和氮氧化物分别约 31.92 万、0.96 万、0.76 万 t，对减少雾霾和保护生态环境发挥了积极作用，经济和社会效益显著。作业现场如图 5 所示。

图 5 ±800kV 直流输电线路零值绝缘子带电检测机器人现场应用

五、项目参与人

国网湖南省电力有限公司检修公司：严宇、邹德华、周展帆、周毅、李稳、刘兰兰、李辉、郭昊、欧跃雄。

案例二

倒 T 形 绝 缘 子 串

一、研究目的

我国 55.9% 的大面积停电由污闪和冰闪造成，原因在于污秽和覆冰中含有大量导电物质，污闪或冰闪发生后，绝缘子难以在短时间内恢复绝缘性能，导致停电时间延长，严重影响人民正常生产生活。2010 年以后，我国提高设计标准新建电网，每年增加数百亿元投资防止污闪和冰闪，效果良好。但早期建设的输电线路还存在着诸多问题，主要表现在：

（1）杆塔窗口尺寸小、线地距离不足，使得老旧线路难以通过增加绝缘子串长达到调爬的目的，单挂点 I 串难以直接改为双挂点的 V 串；

（2）间插布置可以在一定程度上阻隔冰凌桥接，但在不增加串长情况下提高冰闪电压范围较小；

（3）防冰绝缘子可在一定程度上阻隔冰凌桥接，但因伞裙是硅橡胶材料，在中重度覆冰时其伞裙下耷使防冰优势丧失；

（4）采用新标准重建代价高昂。

老旧线路设计标准偏低使其外绝缘配置先天不足，杆塔低矮、线地距离小使得调爬困难，在秋冬季节，这些设备成为电网安全运行的薄弱点，随时存在污闪、冰闪风险，导致大面积、长时间停电。因此，亟需解决在原有线路主设备不变的情况下提高防污防冰水平。

二、研究成果

本项目所研制的倒 T 形绝缘子串由悬垂部分和倾斜部分组成，保留原悬垂 I 串上方的 1 片或多片绝缘子作为悬垂部分（此悬垂部分小于原悬垂 I 串长度的 1/2），利用金具连接此悬垂部分并在两侧连接倾斜绝缘子串，如图 1 所示，新组成的倒 T 形绝缘子串爬电距离大于或等于原悬垂 I 串爬电距离，且跳线最低点与原悬垂 I 串导线挂点重合。

该成果可在不更换原杆塔塔头及不新增挂点的情况下，提高绝缘子串外绝缘水平，可广泛应用于线路防污闪及冰闪工作中。

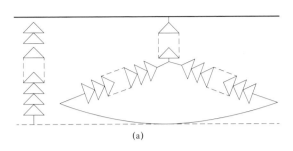

(a)

(b)

图 1 倒 T 形绝缘子串
(a) I 串、倒 T 形串示意图;(b) 现场组装图

三、创新点

(1) 揭示了绝缘子串积污和覆冰量与布置方式之间的关系,提出减少绝缘子串积污、覆冰方法;

(2) 首创倒 T 形绝缘子串,不更换塔头、不改变原挂点,通过改变绝缘子串的布置方式提高绝缘子串的自洁和防冰凌桥接水平;

(3) 通过在倾斜绝缘臂部分增加绝缘子来调整绝缘子串爬电距离,降低绝缘子串污闪、冰闪概率,并提升导线对地距离。

四、项目成效

该项成果可提高绝缘配置,已在国网湖南省电力有限公司应用。以 220kV 线路为例,单基老旧杆塔采用倒 T 形绝缘子串进行改造,施工周期由原来的 43 天降至 1 天;1000 基老旧杆塔采用倒 T 形绝缘子串进行改造,可节省技改投资 3.9 亿元,减少塔材用量 4 万 t,减排二氧化碳 6.8 万 t,节约淡水 24 万 t。作业现场如图 2 所示。

五、项目参与人

国网湖南省电力有限公司电力科学研究院:巢亚锋、刘三伟、张柳、段建家、黄福勇、岳一石、王峰、王成、赵世华、孙利朋、黄俊、徐志强、高俊伟、陈健强。

图 2 国网湖南省电力公司某 110kV 输电线路倒 T 形绝缘子串施工过程

案例三

输配电线路巡视组合工具

一、研究目的

输电线路巡线员每月都要奔波于崇山峻岭之中对电力线路进行巡视，恶劣的环境对巡线员人身安全构成较大的威胁，同时消缺工作存在携带工具多、重量大、功能单一等缺点，造成巡线员体力大量消耗。因此，输电线路工作人员迫切需要一套既轻便又具有多用途的组合工具。

二、研究成果

该组合工具由多用连接棒和工作头组成，采用螺栓连接，具有巡线棒、铲、锄、刀、锯、尺等多项功能，可满足线路巡视消缺、户外运动、勘察设计、紧急救援等工作需求。组合工具如图 1 所示。

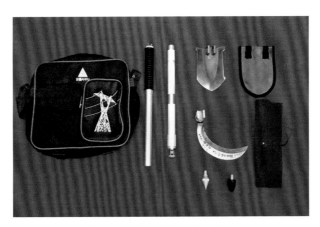

图 1　输配电巡视组合工具图

组合工具各部件及作用如下：

（1）巡视棒：可起支撑、防滑、赶狗驱蛇等作用。如图 2、图 3 所示。

（2）铲：多用连接棒与铲头连接后，可起到开挖作用，方便巡线员检查线路拉棒和接地装置。如图 4、图 5 所示。

图2 巡视棒

图3 巡视棒使用图

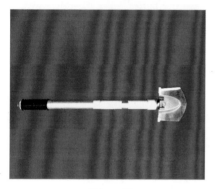

图4 铲

图5 铲的使用图

（3）锄：将铲头弯转90°后变成锄，可起开挖踏步、修筑巡线道等作用。如图6、图7所示。

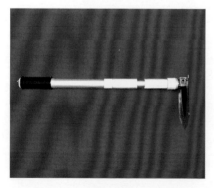

图6 锄

图7 锄的使用图

（4）刀：多用连接棒与刀头连接后，可起清除杂草、砍断树枝等作用。如图 8、图 9所示。

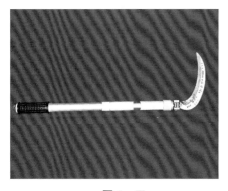
图 8 刀

图 9 刀的使用图

（5）锯：多用连接棒与锯头连接，可锯断直径 200mm 的树木。如图 10、图 11 所示。

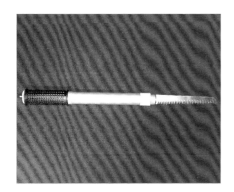
图 10 锯

图 11 锯的使用图

（6）尺：巡线棒棒身刻有刻度尺，可供巡线员随时进行粗略测量。如图 12、图 13 所示。

图 12 尺

图 13 尺的使用图

三、创新点

该组合工具强度高、功能多、质量轻、尺寸小、结构精巧、携带方便、安全可靠等特性。同时其投入小、见效快、加工工艺简单、可复制性强、工具操作简单，推广前景广阔。

四、项目成效

自 2013 年起，该组合工具已在系统内外推广使用 1560 套，反响良好。该工具的使用显著降低了因零星消缺安排人员工作的频次，提高了检修效率、节约了生产成本、缩短了隐患治理周期，同时对人身安全也起到了很好的保护作用。

五、项目参与人

国网岳阳供电公司：袁震林、汤李佳、高露、卢杰、黄瑶、杨柳、王彩福、陈晓芳、张卓、楚艳、李奕佳、章广涛、龚海、翁成、曾震。

案例四

输电线路异物摘除工具

一、研究目的

风筝、大型气球、地膜等易被风吹落在输电线路上形成导线异物,直接威胁输电线路的安全运行。大部分挂线异物搭在导线防振锤部位,容易缠绕且不易脱落,导线搭接异物,在一定情况下可能引起跳闸故障。

近年来,长沙检修公司输电运检室管辖的输电线路共发生异物挂线 30 次,其中在导地线挂点、绝缘子串、横担等易挂着物体的部位发生异物悬挂 22 次,均带电使用绝缘操作杆进行了摘除。但目前采用的摘除异物的操作杆多为改造而来,操作杆头为操作接地刀闸设计,不便于摘取异物,如图 1、图 2 所示。

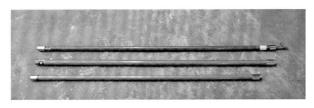

图 1 传统操作杆

图 2 使用传统操作杆作业

为了迅速简便地去除搭在导线上的异物,需要研制安全、实用,便于加工、安装和携带的输电线路异物摘除工具。

二、研究成果

本项目研制了异物摘除工具，由绝缘操作杆和操作杆头两部分组成。

1. 操作杆部分

用验电笔的绝缘伸缩操作杆替代原本笨重，组装复杂的等径操作杆，具有上下塔时携带方便、可单手操作等特点，且能满足相应电压等级绝缘性能、安全距离的要求，采用验电笔伸缩绝缘杆收缩对比图，如图3所示。

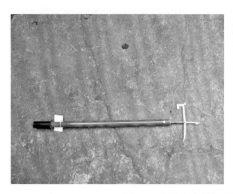

图3　采用验电笔伸缩绝缘杆收缩对比图

2. 操作杆头部分

（1）杆头上部为箭头，能轻易戳开缠绕紧密的异物。

（2）杆头左侧为弯钩，能轻易拉松（断）异物。

（3）杆头右侧为锯刀，能轻易割断异物。

（4）杆头尾部螺杆结构便于与操作杆连接。

（5）操作杆头能根据实际情况360°旋转，能根据不同缠绕部位使用杆头的不同部件进行摘除。新型操作杆头如图4所示。

图4　新型操作杆头

三、创新点

1. 有效降低输电线路异物摘除难度

操作杆为伸缩式，上下塔时可缩短为不足 1m，登塔人员可随身携带；操作杆的重量由原来的 2kg 减至 1kg，作业人员可单手操作，灵活方便，降低了作业人员的劳动强度；新研制的操作杆头能根据实际情况 360°旋转，且能根据不同缠绕部位使用杆头的不同部件进行摘除，缩短摘除异物的时间。

2. 成本低廉

项目所研制的操作杆利用被淘汰的老式验电笔操作杆制作，无需另外添置，操作杆头结构简单，加工方便，费用低廉。

四、项目成效

在满足绝缘性能和机械强度要求的前提下，采用该工具摘除输电线路异物，能有效减少现场作业人员数量、降低作业人员的劳动强度，且操作灵活、方便。目前，该工具已获得国家实用新型专利 1 项，并在长沙供电公司输电室各运维班组及各县公司输电班配备推广使用，累计摘取异物 20 余次，在使用中受到广泛的好评。

五、项目参与人

国网长沙供电公司：陶剑、文波、顾雨生、胡军、黄抚君、文显运、邓远宁、丁魁、刘钟、许小虎、陈丛、彭晓博、苏伟、陈喻、罗浩文、康渭铧、莫修权。

案例五

新型输电线路接地线

一、研究目的

在电力安全生产作业过程中,接地线是一种必不可少的安全工具。目前所使用的输电线路接地线主要有两种,一种是带绝缘操作杆的接地线;另一种是抛挂式接地线。但此两种接地线均存在质量大、使用不便、连接不可靠及安装存在局限性等问题,因此需要对现有接地线进行研究和改进。

二、研究成果

本项目所研制新型输电线路接地线如图 1 所示。

其主要成果为:

(1)将原来的绝缘杆和线夹分离,将原有的三根绝缘杆改为单杆(见图 2),在绝缘杆的前端加装挂取装置,同时还将验电器加装在绝缘杆的顶端(见图 3)。

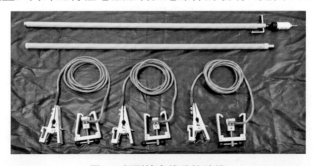

图 1 新型输电线路接地线

图 2 操作杆全图

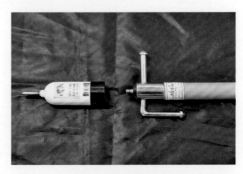

图 3 操作杆的前端

（2）对抛挂式接地线线夹端进行改进，通过改变线夹接地铜线的连接位置（见图4），在线夹前端加装便于取挂的装置，提高与导线连接的牢固性与准确性。图5为利用新型操作杆挂导线端示意图，线夹垂直向下，操作方便。图6为利用操作杆上的挂钩取导线端示意图。图7为新型接地线线夹使用图解。

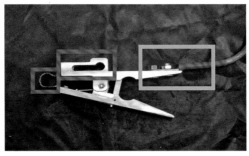

图4　新型接地线线夹

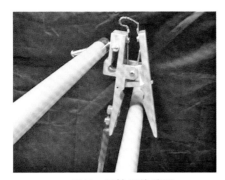

图5　悬挂导线端图

图6　取导线端图

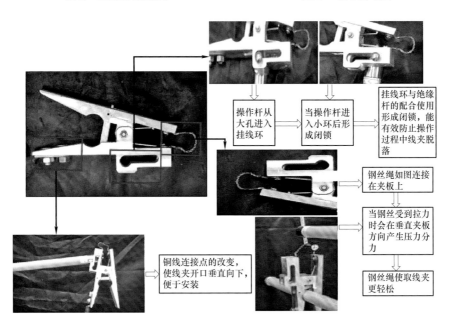

图7　新型接地线线夹使用图解

（3）将接地线的接地端改为由两个活动钩爪配合一个直角压板的连接（见图8），通过此设计使其与塔材连接稳固可靠。

图8　接地端与塔材连接侧面图

三、创新点

（1）对绝缘操作杆的改进，实现了一杆多用，减轻了作业人员在上杆操作时的负荷。

（2）创新改变了线夹接地铜线的连接位置，让线夹在重力的作用下，能垂直向下，准确、牢固地与导线连接。同时，在线夹前端加装了线夹取挂装置，使取挂线夹的操作更加高效、便捷。

（3）将接地端钩爪设计为可活动结构，使其可适应于各种规格塔材，拓展了使用范围。

四、项目成效

目前，项目研制成功后已制作60套新型输电线路接地线在国网岳阳供电公司内推广使用，现场使用情况如图9、图10所示，并取得如下成效：

（1）新型接地线质量仅为原接地线质量的29%，作业人员由原来的两人缩减至一人，大幅度减少了生产成本。

（2）新型输电接地线解决了线夹与导线连接不可靠、接地端与塔材连接不可靠的问题，消除了安全隐患，保障了作业人员的生命安全。

（3）新型输电接地线可用于多种塔型，使用灵活方便，能大大缩短作业时间，经济效益显著。

图9　在杆塔内角侧安装接地线

图10　接地端的连接情况

五、项目参与人

国网岳阳供电公司：汤李佳、袁震林、高露、卢杰、黄瑶、杨柳、王彩福、陈晓芳、张卓、楚艳、李奕佳、李建军。

案例六

输电线路新型跨越导线夹具

一、研究目的

随着电网建设的不断推进，输电线路点多、线长、面广的特征越来越突出，跨越运行中的铁路、高速公路、通航河流及其他线路等现象越来越常见。当架空地线锈蚀或发生其他缺陷时需要进行更换，但是在新旧地线更换过程中，可能发生意外断线或张力降低等情况，为避免地线下降过低或掉落地上伤及行人、影响交通等，通常采取在地线下方的导线上横向织网的方式，让新、旧地线保持在网上通过。传统的织网方式是直接将钢绞线绑扎在导线上，但存在如下问题：

（1）在更换架空地线过程中，当张力较低时，导致地线不断冲击软跨钢绞线，引起缠绕于导线的织网钢绞线摩擦损伤导线。

（2）使用绑扎的方式不能使钢绞线与导线可靠连接。

（3）钢绞线不可循环使用，造成资源大量浪费。

（4）绑扎过程耗费大量人力、时间，工作效率低下。

因此，为了解决以上问题，需要研发一种输电线路新型跨越导线夹具。

二、研究成果

本项目所研制一种输电线路新型跨越导线夹具，成果构成及操作方法如下：

1. 成果构成

（1）根据导线直径大小，使用 304 不锈钢制作金属抱箍，并利用螺栓实现抱箍的开合。

（2）抱箍内衬为橡胶垫，可避免不锈钢与导线直接接触而造成导线损伤。

（3）选择直径 5mm 的包塑不锈钢绞线连接抱箍，钢绞线长度根据两边导线间距确定。新型跨越导线夹具构成如图 1 所示。

2. 操作步骤

（1）根据跨越处两边导线间的距离，选择合适长度的钢绞线与夹具的扣环固定。

（2）根据跨越处档距和位置确定跨越的组数及夹具在导线上固定的位置。

（3）将夹具固定在确定的导线位置上（见图 2）。

（4）设置其他安全措施并进行放线施工。

（5）施工完毕，将夹具拆除并回收。

(a)

(b)

(c)

图 1 新型跨越导线夹具构成

（a）抱箍；（b）抱箍内衬橡胶垫；（c）整体情况

图 2 输电线路新型跨越导线夹具安装

三、创新点

1. 操作简便高效

将钢丝绑扎改为抱箍螺栓固定，使作业时间由原来的 130s 降至 20s，减少操作时间高达 6.5 倍，极大地提高了工作效率，减轻了作业人员劳动难度。传统织网方法与新型软跨导线夹具比较如图 3 所示。

（a）

（b）

图 3 传统织网方法与新型软跨导线夹具比较

（a）传统方法织网；（b）螺栓式夹具固定

2. 对导线零损伤

新型跨越导线夹具利用橡胶垫圈接触导线，不易滑动及磨损导线，有效避免了因导线和夹具之间的互相摩擦而造成的导线损伤。

3. 经济性好

传统方法所使用的钢绞线和扎丝无法再次使用。本夹具采用的是直径5mm的304不锈钢制作，耐腐蚀能力强，可循环使用10年以上，可避免浪费，经济性好。

4. 可靠性高

本夹具使用直径5mm的包塑不锈钢绞线连接抱箍，包塑不锈钢绞线承重大不易断裂，可靠性高。

四、项目成效

1. 安全效益

研发的导线夹具一是采用橡胶垫圈，避免夹具与导线的直接接触，保护导线不受损伤；二是采用螺栓式结构，空中作业方便，有效降低劳动强度，使施工人员能够高效、安全地完成任务。

2. 经济效益

传统方式使用卸扣配合钢绞线进行跨越，钢绞线均是一次性使用，本项目研发的导线夹具及包塑不锈钢绞线，可重复使用，避免了资源的浪费。

3. 社会效益

新型跨越导线夹具的使用缩短了作业时间，提高了供电可靠性，避免了施工对被跨越物的影响，保证了人们生产、生活有序进行。

五、项目参与人

国网益阳供电公司：李安若、童治芳、黄海正、徐志强、何智、郭振华、谢志宏、何光明、何振波、陈兰。

案例七

绳控滑动式卡线器

一、研究目的

在电力线路新建、改造、维修时，卡线器常用于架空电力线路调整弧垂、收紧导线、开断已有导线制作新接头等。原有普通卡线器在电力行业中广泛应用，然而安装、拆卸存在着诸多问题，安装如图1所示。主要表现在普通卡线器的安装或拆卸一方面需作业人员骑在导线上移动几米甚至几十米再装设或拆卸，存在极高的安全风险；另一方面是普通卡线器安装或拆卸方式落后，全过程由作业人员手工完成，操作复杂，工作效率低。因此，亟须研发一种新型卡线器来解决上述难题。

图1 普通卡线器的安装

二、研究成果

项目组结合多年检修经验，经过两年多的不断使用和改进，研发出绳控滑动式卡线器，如图2所示。新型研发的绳控滑动式卡线器在普通动式卡基础上增加卡槽抱锁和滑动拉环，从而将卡线器装卸方式改进为绳索定位装卸。

1. 成果操作流程

（1）打开卡板，通过卡槽抱锁，将卡线器悬挂安装在导线上，如图3（a）、（b）所示。

图2 绳控滑动式卡线器

（2）用系在滑动拉环上的绳索，拉动卡线器在导线上拉动、滑动至安装位置，如图 3（c）所示。

（3）在牵引拉环上的绳子的拉力下，自动卡紧导线，即进行施工作业。

（4）施工作业完成后，利用反向滑动拉环的绳索向杆塔方向拉动，即打开卡线器上的卡槽，再用反向拉绳拉动滑动拉环，拉到杆塔处拆卸。

2. 成果设计关键点

新研发的绳控滑动式卡线器，将卡线器人工骑线装卸改进为绳索定位装卸，从根本上解决了输电线路施工改造工程中，卡线器安装困难的问题，如图 3 所示。

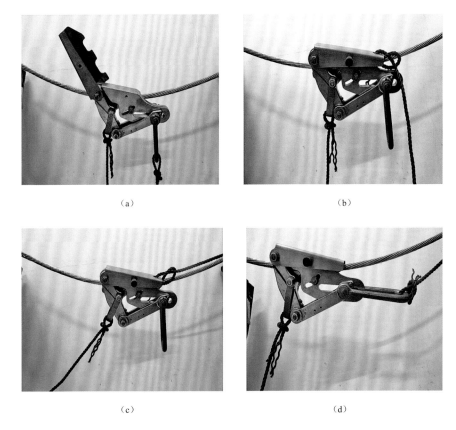

（a）　　　　　　　　　　　　　　（b）

（c）　　　　　　　　　　　　　　（d）

图 3　绳控滑动式卡线器的安装使用

（a）打开卡板；（b）固定卡板；（c）绳控到位；（d）绳控回位

三、创新点

1. 装卸实现线上无人化

卡线器的安装或拆卸无需作业人员骑在导线上操作，提高了作业安全性。

2. 装卸实现位置精确化

绳索定位装卸方式能使卡线器装卸位置更精确，相对比较人工装卸，极大提高了标准化作业水平。

四、项目成效

该项目成果可在电力线路新建、改造、维修工作中推广使用。通过推广使用，可以将卡线器人员骑线装卸的高技能、高强度、高危险的作业，转变为一般作业人员即可完成的绳索定位装卸作业，简化了操作流程、保证了作业安全、提高了工作效率。实际应用证明每次作业可平均减少 2 个工时，在电力输电线路安装改造方面具有极大的推广应用。

五、项目参与人

国网常德供电公司：唐海军、李辉、牛建农、陈辉、黄亮亮。

案例八

基于无人机的机械登杆装置

一、研究目的

攀登杆塔作业是输电线路运维中开展最广泛、最频繁的工作之一。据不完全统计，仅国网湖南省电力有限公司线路运维人员一年累计登杆次数就达二十余万次。随着线路电压等级越来越高，由过去 110kV 上升至 1100kV，杆塔也从数十米发展至数百米，极大地增加了工作人员的作业难度。长期以来，线路工人登杆依靠徒手攀登，凭借自身身体素质和高超的技术水平来保障作业安全。然而技术防护和设备防护方面存在严重不足，直接威胁登杆人员的人身安全。据统计，因登杆发生的高空坠落事故占所有安全事故的比重高达 40%。因此，迫切需要对输电线路登杆方式进行深入研究。

二、研究成果

优良的机动性、稳定的提升动力和结构简单紧凑的载人装置是实现自动化登杆的必要条件，为了满足这一要求，项目组制定技术路线如图 1 所示。并研制成功了基于无人机的机械登杆装置。该成果主要由无人机、提升装置、载人装置等三部分构成，如图 2 所示。

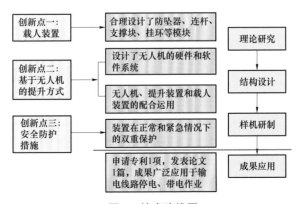

图 1 技术路线图

目前，项目成果已获国家专利 1 项，发表 EI 检索论文 1 篇。该成果可广泛应用于输电线路登杆作业中，降低工作人员劳动强度，显著提高作业安全性。

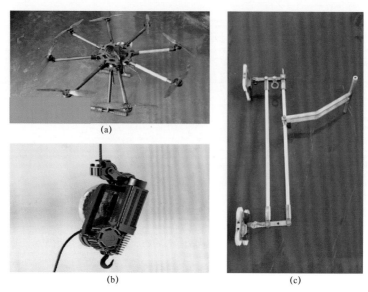

图2　基于无人机的机械登杆装置

（a）无人机；（b）提升机；（c）载人装置

三、创新点

1. 创新设计了载人装置

基于运动学原理，合理设计了防坠器、连杆、支撑块、挂环等模块，如图3所示，有效解决了在有限空间内作业人员在高空中难以保证姿态平稳的难题，降低了对于登杆人员的身体素质要求。

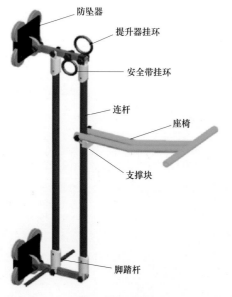

图3　载人装置

2. 创新提出了基于无人机的提升方式

设计了无人机的硬件和软件系统，如图4所示，通过规划飞行路径，实现无人机的自动飞行。通过无人机、提升装置（见图5）和载人装置的配合运用，解决了载人装置在行进过程中的能量消耗问题，减免了传统登杆过程中人员的大量体力消耗，实现了登杆过程的机械化。

3. 创新设置了多种安全保护措施

利用安全绝缘绳和防坠器，实现了该装置在正常和紧急情况下的双重保护，避免装置发生急速下坠危险，保护了登杆人员的安全。

图4 小型多旋翼无人机

图5 便携式提升装置

四、项目成效

1. 经济效益

以宾金线为例,线路负荷 8000MW,按 1 次特高压带电作业采用该项目成果可节省登塔时间 1h 计算,采用该项目成果可减少电量损失(清洁能源)约 8000 万 kWh,按售电价格 0.588 元/kWh 计算,新增电量销售额 4704 万元,经济效益显著。

2. 技术效益

以 1 次特高压带电作业可多供清洁能源 8000 万 kWh 计算,相当于节约标准煤 3.23 万 t,减排 CO_2、SO_2 和氮氧化物分别为 7.98 万、0.24 万、0.19 万 t,同时也减少了粉尘的排放,对减少雾霾和保护生态环境发挥了积极作用。

该项目的成功使用,一是实现了登杆过程的机械化,无需人工攀爬,提高了工作效率。二是有效减少了传统登杆过程中登杆人员的大量体力消耗,降低了对登杆人员的身体素质要求,利于登杆作业的开展。三是增强了公司在特高压带电作业领域的技术实力,促进公司的技术进步。该成果已在国网湖南电力检修公司带电作业中心线路检修工作中得到了应用,受到极大好评,如图6所示。

图6 现场应用图

五、项目参与人

国网湖南省电力有限公司检修公司:严宇、邹德华、徐溧、李稳、周展帆、刘兰兰、李金亮、杨琪、李辉、周惟。

案例九

特高压输电线路绝缘子带电更换装备

一、研究目的

绝缘子是输电线路的重要电气部分，容易受雷电、雾霾等因素影响而损坏。特高压线路关系着国家经济命脉和能源安全，线路投运后很难停电检修，亟须实现绝缘子带电更换。但特高压输电线路绝缘子长，需转移的荷载大，对工器具的机械、电气性能提出更高要求。

传统材料制造的特高压工器具大且笨重，带电更换耐张单片、悬垂单 V 型、悬垂双 V 型绝缘子装备重量分别达到 66、88.37、69.6kg，在高空环境中有限空间内作业极为困难，研制轻质、高强的特高压输电线路绝缘子带电更换装备成为亟需解决的重大技术难题。

二、研究成果

本项目采用理论与实践相结合的研究方法，分别研制了带电更换耐张单片、悬垂单 V 复合绝缘子、悬垂双 V 型复合绝缘子装备。

1. 碳纤维布层编织、铺层设计、超厚碳纤维板固化成型方法

碳纤维复合材料抗拉强度大，密度仅为钛合金的 30%，但存在抗剪、抗挤压强度低的缺点，亟须对碳纤维复合材料性能进行优化。本项目提出了碳纤维布层编织、铺层设计、超厚碳纤维板固化成型方法，试验确定了固化过程中两个保温阶段最佳温度（90、135℃）和保压时间（60、120min）。处理后，抗层间剪切强度提高了 120%，抗挤压强度提高了 88%，为碳纤维材料在特高压带电作业工具中的应用奠定了坚实基础。

2. 系列碳纤维工器具

项目组校验了应力、位移和应变等指标，确定了工具的最优结构形式，研制了碳纤维通用闭式卡、六线提线钩、大刀卡，如图 1～图 3 所示。

图 1 碳纤维通用闭式卡

图 2 碳纤维六线提线钩

碳纤维通用闭式卡由碳纤维上盖、底座和钛合金内衬套三大部分构成，其内衬套采用外护型结构，凸出的护体减轻了碳纤维材料的承受压力，且可通过更换内衬套适用于不同型号绝缘子。

碳纤维六线提线钩碳纤维六线提线钩由四立柱主体和副钩构成，由碳纤维预浸料整体叠加施压、固化制成，其主体部分独特的四立柱主体结构，大幅提高了工具的比强度。

图 3　碳纤维大刀卡

碳纤维大刀卡由碳纤维主体和钛合金护套构成；在改进碳纤维布编制工艺的基础上，通过在局部镶嵌钛合金的方式，大大增强了受剪切面的抗剪切强度。

3. 系列大吨位承力工器具

传统液压丝杆液压缸由钛合金制成，重量重，有限空间内荷载转移极为困难。针对这一问题，通过对液压丝杆的结构进行优化设计，选用了高强度铝合金制作液压缸缸体，研制了便携式液压丝杆，使液压丝杆的重量大幅下降。同时，针对更换整串绝缘子时前 300mm 行程最大拉力为 30kN、后 100mm 拉力大大增强的特点，提出了前 300mm 行程由机械丝杆、后 100mm 由液压丝杆收紧的双传动系统荷载转移方法，研制了机液一体丝杆，解决了有限行程、有限重量内完成荷载转移的难题，如图 4、图 5 所示。

图 4　便携式液压丝杆

图 5　机液一体丝杆

传统绝缘拉棒由环氧酚醛树脂与玻璃布固化成型制成，表面未做处理，抗潮湿性能较差；且连接头与绝缘体采用锲形压接方式，抗拉强度不足。针对上述难题，研制了高强度防雨绝缘拉棒。该拉棒基于荷叶防水原理，在绝缘拉棒绝缘芯管外壁涂覆螺纹状 HTV 混炼胶套体，极大提高了抗潮湿性能；同时，将连接头与绝缘芯管以环形压接方式进行连接，大幅提高了拉棒的抗拉强度。高强度防雨绝缘拉棒如图 6 所示，其性能参数与传统绝缘拉棒对比见表 1。

图 6　高强防雨绝缘拉棒

表1 绝 缘 拉 棒 参 数 对 比

适用电压等级	高强度防雨绝缘拉棒	传统绝缘拉棒
允许荷载（kN）	150	60
操作冲击耐受电压（kV）	1865	1865
适用环境（湿度）	<90%	<80%

该项目成果已获专利授权 6 项，其中发明专利 1 项；发表论文 8 篇，其中 SCI、EI 源刊各 1 篇；起草技术标准草案 3 项。

三、创新点

1. 创新了碳纤维编织、铺层和固化工艺

发明了碳纤维左右 45° 双向交叉定位编织方法，提出了预浸料经纬束 45° 错排方式，试验确定固化过程中两个保温阶段最佳温度（90、135℃）和保压时间（60、120min），突破了碳纤维复合材料各向异性和应力集中的难题，抗层间剪切强度与抗挤压强度分别提高了 120%、88%。

2. 创新研制了系列碳纤维工器具

校验了应力、位移和应变等指标，确定了工具的最优结构形式，研制了碳纤维通用闭式卡、六线提线钩、大刀卡。通用闭式卡中设置了外护型结构的钛合金内衬套，极大减轻了碳纤维材料的承受压力，且可通过更换内衬套适用于不同型号绝缘子；六线提线钩由整体施压、固化处理制成，其四立柱主体部分大幅提升了工具的比强度；大刀卡局部镶嵌了钛合金护套，大幅提升了受剪切面的抗剪切强度。

3. 创新研制了系列大吨位承力工具

针对绝缘子荷载转移时受力特点，创新采用机液一体化传动技术，研制了便携式液压丝杆和机液一体丝杆，攻克了有限空间内完成大吨位荷载转移的技术难题；针对现有拉棒抗潮湿和抗拉强度不足的难题，创新采用螺纹状 HTV 混炼胶套体和环形压接工艺，发明了高强度防雨拉棒，提高了绝缘拉棒对作业环境的适应能力。

四、项目成效

1. 装备轻质化

该项目所研制的系列碳纤维复合材料大吨位卡具和高强度承力工具，装备质量显著减少，实现了特高压装备轻质化，如表 2 所示。

表2 新装备组成及重量降幅

装 备	组 成	原装备重量（kg）	新装备重量（kg）	降幅
带电更换耐张单片绝缘子	碳纤维通用闭式卡、便携式液压丝杆	66	28	57.6%

装 备	组 成	原装备重量（kg）	新装备重量（kg）	降幅
带电更换悬垂单V型复合绝缘子	碳纤维六线提线钩、高强度防雨绝缘拉棒、机液一体丝杆	88	61	31.0%
带电更换悬垂双V型复合绝缘子	碳纤维大刀卡、高强度防雨绝缘拉棒、机液一体丝杆	69.6	56.4	19.0%

2. 经济效益

该项目成果已在湖南、山东等地推广应用，创造了显著的经济效益。依托项目成果，国网湖南省电力有限公司开展了首次斜拉法更换特高压绝缘子作业。此次作业中，减少±800kV 宾金特高压线路停电 4h，每小时按单极输送 800 万 kW 计算，居民用电价格按 0.58 元/kWh 计算，则此次作业产生的直接经济效益为 1856 万元。项目成果应用如图 7 所示。

图 7 特高压带电作业在湘西凤凰成功实施

3. 社会效益

项目成果的投入使用极大降低多回直流同时闭锁的可能性和电网大面积停电的风险，保证了特高压线路的安全稳定运行。同时，依托项目成果，在国网技术学院开展特高压线路带电作业资质认证培训，共完成培训任务 10 期，培训学员逾千人，赢得国网技术学院的好评，为我国特高压线路带电作业人才培养、储备提供有力保障。

五、项目参与人

国网湖南省电力有限公司检修公司：李辉、夏增明、曾文远、刘兰兰、杨琪、龙洋、徐溧、高泉哲、赵刚、罗龙飞。

案例十

输电线路观冰模拟装置

一、研究目的

架空输电线路大多数架设在偏远地区，冬季易受微气候影响产生不均匀覆冰，严重时会发生线路冰害跳闸、覆冰倒杆断线等事故。据历史数据统计，95%的线路冰害断线故障是由于覆冰观测不到位、融冰不及时引起的。因此，准确观测线路覆冰情况具有重要意义。但是传统的人工肉眼观测、估计覆冰厚度的方法使观测结果误差极大，亟须研制一种能够准确观测线路覆冰的装置来解决上述难题。

二、研究成果

输电线路观冰模拟装置由支撑系统、升降系统和模拟导线系统组成，其工作原理为在模拟导线覆冰后，通过升降系统将模拟导线降至较低的位置，观冰人员量取一定长度覆冰后，敲冰称重，再利用公式（1）折算成线路覆冰厚度，实现线路覆冰情况实景模拟及准确观测，设计原理如图 1 所示。

$$b = \frac{1}{2} \times (\sqrt{1414.7G + d^2} - d) \tag{1}$$

式中　　b——冰平均厚度，mm；

　　　　G——导线每米覆冰重量，kg/m，$G = \frac{\pi}{4}(D^2 - d^2)g_0$；

　　　　d——导线（模拟线）的直径，mm；

　　　　D——覆冰导线（模拟线）的直径，mm；

　　　　g_0——冰的比重，取 0.9。

输电线路观冰模拟装置设计方案如下：

（1）竖立两根混凝土杆，根开为 2.8m，在距杆根 800mm 处，分别用抱箍固定一个绞盘，在距杆顶 400mm 处分别固定一个滑轮支架，将两者用传动钢丝绳进行串联，在两杆之间安装凹型支架。

（2）在凹型支架上安装与运行线路同型号的导线和架空地线，再悬挂一串 3 片的绝缘子，用于观察绝缘子覆冰情况。

（3）在传动钢丝绳外套一根防结冰的 PVC 护管，在滑轮支架上方增加一个防结冰的不锈钢罩。

（4）在绞盘外增加一个不锈钢密封箱，防止绞盘结冰。

输电线路观冰模拟装置需放置于覆冰区域空旷的风口，模拟架空线路在相同气象条件下覆冰情况；起重升降部分应能够灵活控制模拟导线的升降，便于观冰人员在地面截取冰样、获取覆冰信息，输电线路观冰模拟装置设计图，如图 1 所示。

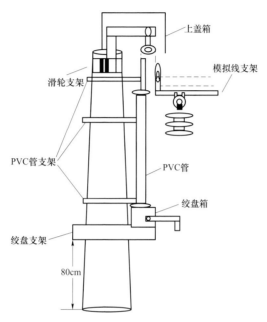

图 1　输电线路观冰模拟装置设计图

三、创新点

1. 准确度高

该项目研究成果可对真实线路覆冰情况进行模拟，能够将模拟导线降至地面取样，准确称量、计算导线覆冰厚度，解决肉眼观测覆冰厚度偏差大的问题，准确度高。

2. 操作安全、方便

该项目研究成果可使取样在地面进行，避免了高空取样作业风险大的问题，使覆冰观测取样操作更加安全、方便。

四、项目成效

1. 经济效益

（1）直接经济效益：观冰模拟装置中导线模拟及悬挂绝缘子、附属设施费用为 2 万元，起重升降部分费用约为 18 万元，现场安装费用约 1 万元，共计人民币约 21 万元。相对于传统的观冰方法，每一个观冰点耗费资金约 26 万元，而观冰模拟装置节约资金 5 万元。

（2）间接经济效益：按照每年覆冰线路数量、融冰次数、线路融冰时间、覆冰线路所带负荷，观冰模拟装置间接经济效益为 3600 万元。

2. 社会效益

观冰模拟装置的投入使用，现场人员在地面即可完成架空线路覆冰采集与测量，杜绝了冰情观测人员高空作业风险，有效解决了输电线路覆冰期间，地面人员受雨、雾等现场气象条件的限制，不能准确观测并及时报送冰情的问题。目前已在郴州北湖区、汝城县、桂阳县、桂东县、资兴市等地区推广使用，提高了观冰的准确性，保证了线路的安全运行，确保用户在极端天气下正常用电，促进了社会安定和健康发展。现场应用图如图 2 所示。

图 2　现场应用图

五、项目参与人

国网郴州供电公司：邓林海、张金春、李陆世、姚远、姜豪、喻春亮、何启龙。

第四章 配 电

案例一

导线连接工艺创新及装备研制

一、研究目的

并沟线夹连接、设备线夹连接、缠绕绑扎连接等传统连接方式在配电网中应用普遍（见图1），其中并沟线夹连接多用于配网导线的跳线连接、分支连接；设备线夹多用于电气设备与引出线的连接；缠绕绑扎多用于拉线尾线回头弯的固定。

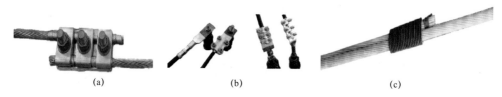

(a)　　　　　　　　　　(b)　　　　　　　　　　(c)

图1　配电网现有连接方式图

（a）并沟线夹连接；（b）设备线夹连接；（c）缠绕绑扎连接

传统连接方式在使用过程中存在以下缺点：

（1）并沟线夹、设备线夹连接方式主要采用螺纹紧固件进行压接，坚固件长期运行易松动、锈蚀，通常更换周期为4～5年，安装工艺差时，使用时间更短，无法与所连接其他设备同寿命，导致运行和检修成本增加。

（2）采用螺纹进行设备连接时，仅上、下两并紧螺母与设备接线桩头接触的螺纹导电，接触面积小，接触电阻大，易引起接触点发热，进而导致设备烧毁。

（3）传统连接方式，一个连接点采用多螺栓或缠绕方式进行紧固，工序多，工艺繁琐，可靠性差。

为延长电气连接部位使用寿命，减小劳动强度，提高工作效率，该项目提出一种新型的导线连接工艺，并研制与此工艺相匹配的装配工具，解决以上问题。

二、研究成果

1. 新型连接工艺的研究

（1）导线并列压接工艺

目前，配电线路铝质导线（中小截面）的连接主要采用并沟线夹连接的方式，此种连接方式借鉴于输电线路铝质导线（大截面）连接工艺（见图2）。对于输电大截面铝制导线而言，这种连接方式接触面积大，可长期使用运行，基本上可以达到与导线同寿命。但用于配电线路，则存在接触面积过小，压接不紧密，长期运行易松动、锈蚀等问题，连接点故障频发。

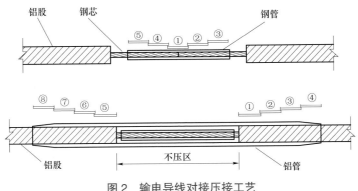

图2 输电导线对接压接工艺

针对以上问题，该项目研发了导线并列压接新工艺（见图3）：将两导线并列排，以椭圆铝质扁管为连接金具，采用轴线压接方式进行紧固的导线连接工艺。此种压接方法将使铝管产生塑性变形，紧密包裹导线，实现两导线的并列连接。该工艺简单，一次压接成型，电气接触面积大，可靠性高。此外，还可将竖向压接与周围压接结合，形成组合压接，进一步增大接触面积和连接紧密程度。

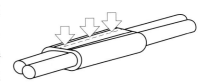

图3 导线并列压接原理图

（2）螺纹对接与压接结合工艺

现有的设备线夹与导线或设备连接多采用紧固件压紧的连接方式，或采用压接和长螺纹连接与紧固件压紧结合的连接方式，如图4所示。

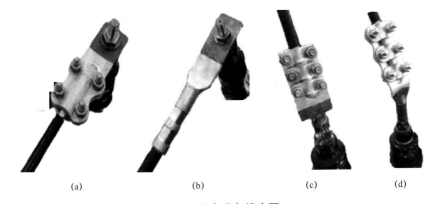

(a)   (b)   (c)   (d)

图4 现有设备线夹图

（a）普通设备线夹；（b）压接式设备线夹；（c）抱杆式设备线夹；（d）螺纹管式设备线夹

现有设备线夹，均以螺纹作为连接件和紧固件，普遍存在接触面积小，连接工艺繁琐，可靠性差，安装后无法旋转，不易拆装等问题。

综合考虑分析，该项目提出将正反螺纹对接与压接相结合的安装工艺（见图5）：采用反螺纹接线鼻与导线压接，导线端将变成反螺纹杆；中间采用正反螺纹管连接；两端采用并紧螺母并紧，保证螺杆与螺管之间的张力，使长期可靠接触。在并紧螺帽与对接螺纹管间加入防转垫圈，起到双保险的作用。此外，因为对接部位的存在，安装与拆除过程中导线与设备桩头无需转动，大大提高了安装的可靠性和灵活性。

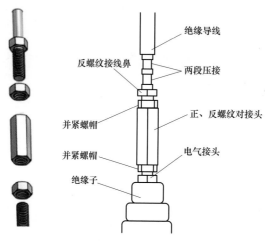

图 5　正反螺纹与压接结合结构、效果示意图

2. 连接金具的研制

（1）导线并列压接工艺金具的研制

根据应用范围，该项目研制了使用于各种类型导线连接的 A、B、C、D 四类压接金具，如图6所示。

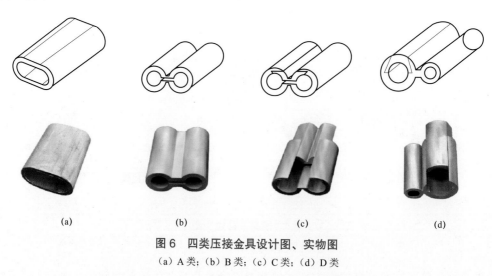

(a)　　　　　　　(b)　　　　　　　(c)　　　　　　　(d)

图 6　四类压接金具设计图、实物图

（a）A 类；（b）B 类；（c）C 类；（d）D 类

A 类为铝质无缝椭圆扁管，采用中间竖向压接，用于对导电要求不高的场合，如拉线

尾线的压接固定；B 类为中间联通的铝质双管，采用中间竖向压接，四周组合压接的固定方式，压接后导电面积更大，适用于取代并沟线夹用于导线并列压接；C 类为分体式结构，方便长导线放入，压接方法与 B 类相同，适用于现有拉线尾线更换或导线分支连接；D 类为主线管开槽，应用于导线分支连接。

（2）螺纹对接与压接结合工艺金具的研制

为实现设备正反螺纹连接，该项目研发了以下金具（见图 7）：① 正反螺纹对接头，用于连接设备桩头和接线鼻；② 反螺纹接线鼻，用于压接固定导线；③ 绝缘套筒，连接部位防水、绝缘效果。螺纹管采用铜铝摩擦熔接材料，铜铝连接更可靠。

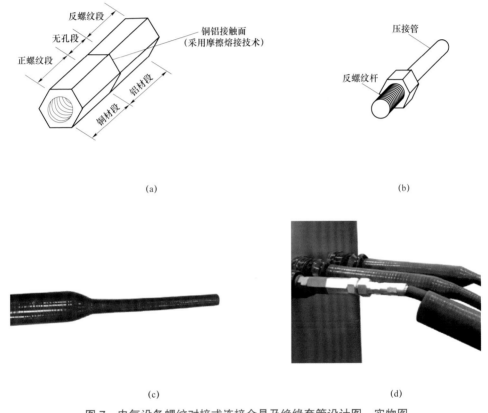

图 7 电气设备螺纹对接式连接金具及绝缘套管设计图、实物图
（a）正反螺纹对接头；（b）反螺纹接线鼻；（c）绝缘套筒；（d）连接实例

3. 压接模具的研制

针对不同的导线压接金具，该项目还研制了与之相匹配的压接模具（见图 8）：① 竖向压接模具，中间竖向施压，模具与线夹等长，一次压接成型；② 组合压接模具，中间与四周同时施压，模具与线夹等长，一次压接成型；③ 异形压接模具，模具厚度小于线夹长度，压强大，需要多次压接。三种压接模具与液压设备钳头，组合设计，只需更换模具即可实现所有功能。

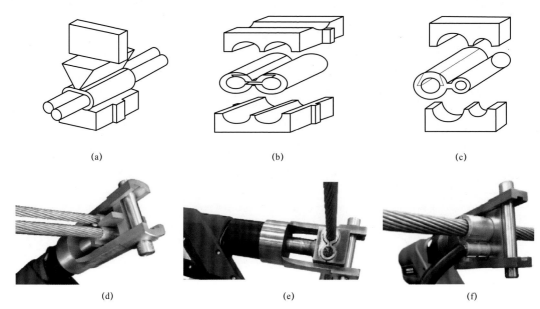

图8　压接工具设计图、实物图

（a）并列竖向压接模具；（b）并列组合压接模具；（c）并列异形压接模具；（d）并列竖向压接实物；

（e）并列组合压接实物；（f）并列异形压接实物

4. 应用实例及新老工艺对比

导线并列压接工艺应用实例及与老工艺对比：

（1）应用于导线分支连接，如图9所示。

(a) (b)

图9　导线分支线连接新老工艺对比图

（a）并沟线夹连接老工艺；（b）并列异形压接新工艺

（2）应用于跳线连接，如图10所示。

(a) (b)

图10　跳线连接新老工艺对比图

（a）并沟线夹连接老工艺；（b）并列组合压接新工艺

（3）应用于拉线尾线固定，如图 11 所示。

(a)   (b)

图 11　拉线尾线固定新老工艺对比图

（a）缠绕绑扎老工艺；（b）并列竖向压接新工艺

（4）应用于电气设备连接，如图 12 所示。

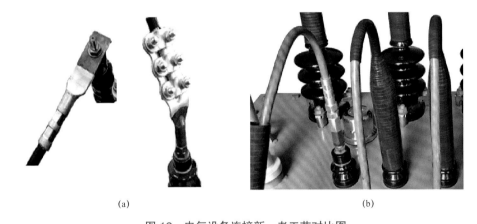

(a)   (b)

图 12　电气设备连接新　老工艺对比图

（a）紧固件连接老工艺；（b）螺纹对接连接新工艺

从工艺角度比较，其工艺最为简单，只需要一次压接，即可完成导线接续（见表1）。

表 1　　　　　　　　　　　并列压接新工艺与同类技术经济比较

比较内容	对接压接工艺		钳压工艺		螺栓紧固工艺		并列压接新工艺	
工艺比较	★★	需要压力大，设备重，不便携且工艺复杂繁琐	★★☆	需要压力小，设备便携，工艺复杂繁琐	★★★	便携、工艺繁琐	★★★	便携，工艺简单
技术比较	★★★★	采用液压压接，接续可靠	★★★★	采用钳压，接续较可靠	★★	螺栓压紧固定，可靠性不高	★★★☆	采用液压压接，接续可靠
经济比较	★★	设备投资数万元，人工成本较高，线夹成本略高	★★★	设备投资数千元，人工成本较高，线夹成本低	★★★	设备投资数百元，人工成本高，线夹成本低	★★☆	设备投资数千元，人工成本低，线夹成本低

从接续可靠性角度比较，其采用液压技术具有自动化、标准化的工艺流程，可靠性很高，尤其是针对中小截面的配电导线应用，完全满足可靠性的需求。

从经济性角度比较，设备投资较小，而且工艺简单、可靠，极大降低了人工成本，并且新工艺所需要的线夹采用的材料更少，成本更低（见表2）。

表2　　　　　　　　　　　螺纹对接新工艺与同类技术经济比较

比较内容	螺栓式设备线夹		压接式设备线夹		螺纹管式设备线夹		螺纹对接新工艺	
工艺比较	★★	繁琐，紧固6~8个螺栓	★★ ★★ ☆	压接+紧固2个螺母	★☆	繁琐，紧固8~10个螺栓	★★ ★★ ☆	压接+旋转长螺纹，简单
技术比较	★☆	与引线连接螺栓压紧，与设备短螺纹连接	★☆	与引线压接，与设备短螺纹连接	★★ ☆	与引线连接螺栓压紧，与设备长螺纹连接	★★ ★★ ☆	液压与长螺纹结合
经济比较	★★ ★★	成本低	★★ ★★	成本低	★★ ★☆	成本较低	★★ ★☆	成本较低

三、创新点

1. 发明了并列导线压接新工艺

首创导线并列压接新工艺，新工艺对包裹并列导线的铝质金具采用中间竖向压接，铝质金具受力变形包裹并列导线。竖向压接也可与四周施压结合，中间竖向压接，四周圆形施压，形成组合式压接和异形压接。与传统六边形对接压接、横向钳压压接的新工艺，相比工艺简单、高效，更适合中小截面导线连接。

2. 研制了导线并列连接金具及工具

研制了适用于导线并列压接工艺的配套金具及工具，包括无缝扁管及竖向压切模具，双管隔离压接管及其压接模具，线缆并列压接管，导线分流压接管及装拆模具。创新了模具与液压设备的组合设计，通过更换模具，实现所有金具的装拆。

3. 电气设备连接工艺创新

创新了将正反螺纹对接与压接结合方法应用于电气设备的连接工艺，并成功解决了新工艺的螺纹防松、铜铝连接、绝缘护套等应用问题。相比于传统工艺，新工艺采用长螺纹和压接结合，电气接触面积大；采用铜铝摩擦焊接新材料，提高铜铝连接可靠性；两端加装并紧螺母与防转垫圈，解决螺纹连接可靠性问题。

四、项目成效

1. 经济效益

配电网中导线连接点及电力线路拉线的规模庞大，数量众多，每年花费大量的运维检修成本。采用并列压接工艺，安装工艺简单，可一次压接成型；采用液压压接，接触可靠；采用铝质压接金具，防锈效果好，可极大地降低配电网导线连接点及电力线路拉线的运维成本。

2. 社会效益

电气设备连接工艺、导线并列连接工艺，共同的特点都是基于现有成熟技术，因此可靠性高、成本低、安装工艺简单安全，可极大提高供电可靠性，降低运检人员的工作强度，提高工作效率。

五、项目参与人

国网湖南省电力有限公司技术技能培训中心：邓晓廉、刘军志、谢红灿、刘定国、徐志伟、温智慧、黄立新、杨尧。

案例二

配电网智能试验车

一、研究目的

配电自动化作为配电网智能化建设的重要内容,是提高供电可靠性的重要手段。配电自动化调试运维作为配电自动化建设及应用的重要环节,是保障配电自动化技术应用效果的重要手段。长期以来,配电自动化现场调试及运维测试一直面临以下三大难题:

1. 仪器设备取电困难

配电自动化调试运维作业需在停电条件下开展,现场缺乏可靠的电源,难以满足现场仪器设备的取电需求,严重影响现场调试、运维测试工作的开展。

2. 现场作业环境恶劣

配电自动化调试及运维工作均在户外进行,环境较为恶劣,当遇到高温、暴雨、下雪等复杂天气时,现场调试及运维工作往往无法正常开展,影响了工作实施进度,降低了用户供电可靠性。

3. 高效测试装备空白

目前,国内具备开展配电自动化现场自动测试的高效测试装备一直处于空白,主要采用继电保护测试仪、模拟主站等对配电终端开展测试,自动化程度低、测试内容不全面,严重制约测试效率的提升。

二、研究成果

本项目研制了能综合解决以上问题的配电网智能试验车,以高可靠性车身为基础,以中央控制系统为核心,具备配电自动化现场调试、运维测试、立体化巡视的多项功能(见图1)。

具体包括以下几大系统:

1. 模拟主站测试系统

模拟主站测试系统可就地开展终端与主站通信连接,完整模拟各类信号对点,实现终端快速接入主站(见图2)。

2. DTU/FTU 自动测试系统

DTU/FTU 自动测试系统具备良好的人机界面,可以完成 DTU/FTU 基本电气性能测试(包括遥测量、功耗检查等)、功能测试等,测试方案灵活可配置,测试完成后自动生成测试报告;能够进行终端通信规约一致性及信息安全测试,通信规约及信息安全的测试功能全面符合新一代配电主站及终端控制通信规约的要求,包含国家电网公司最新扩展规约——配电自动化应用 101 规约实施细则、配电自动化应用 104 规约实施细则等进行一致性测试功能（见图3）。

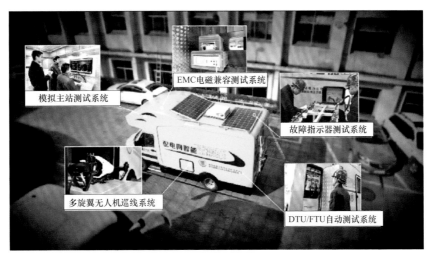

图 1　配电网智能试验车

图 2　模拟主站测试系统

图 3　DTU/FTU 自动测试系统

3. 故障指示器测试系统

故障指示器测试系统由自动化测试系统和便携式测试架组成，可模拟仿真配电线路正常运行状态下的电流、电压，模拟仿真配电线路相间短路、接地、合闸涌流、瞬时故障、永久故障等各种暂态工况，实现对故障指示器上传的故障暂态录波波形、多通道录波模块记录的暂态波形的自动比对测试，比对内容包括波形相似度、稳态幅值、暂态幅值、衰减频率等，自动出具检测比对结果（见图4）。

4. EMC 电磁兼容测试系统

EMC 电磁兼容测试系统可开展成套化设备静电抗扰度、浪涌抗扰度和快速脉冲群抗扰度测试，为现场设备开关误动作、遥信抖动等"疑难杂症"的诊断提供测试手段（见图5）。

图4 故障指示器测试系统

图5 EMC电磁兼容测试系统

图6 多旋翼无人机巡视系统

5. 多旋翼无人机巡视系统

多旋翼无人机巡视系统配备高像素红外相机，可针对柱上成套化设备及架空线路设备开展红外巡查，及时发现设备潜在故障，如图6所示。

同时，配电网智能试验车装备有太阳能发电系统、大功率静音发电机、UPS电源、市电取电等多功能电源系统，具有功能装备齐全、工作环境舒适、自动化程度高、安全绿色环保等特点。目前，试验车已在湖南长沙、株洲、湘潭、衡阳等地区开展了配电自动化工厂调试，一、二次融合设备测试等实际应用，有效提升了工作效率，降低了人员劳动强度和成本，具有良好的经济性和可推广性，如图7所示。

长沙

株洲

湘潭

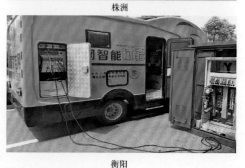

衡阳

图7 配电网智能试验车现场应用

三、创新点

（1）针对配电自动化现场作业环境恶劣、自动化程度低等问题，研发了集成 DTU/FTU 自动测试系统、故障指示器自动测试系统、EMC 电磁兼容测试系统、模拟主站测试系统、多旋翼无人机巡视系统等五大类系统于一体的配电网智能试验车，填补了国内配电自动化现场成套化测试运维装备的空白。

（2）针对配电自动化现场测试效率低的问题，研发了以中央控制系统为核心的配电终端及故障指示器自动测试系统，实现配电自动化设备现场批量化自动测试，全面提升配电自动化现场测试效率。

（3）针对配电自动化现场调试及运维工作中仪器设备取电难的问题，依托配电网智能试验车，发明了集太阳能发电、柴油发电、储能电池、市电供电于一体的移动式多路电源系统，并可由中央控制系统自动切换，为现场试验提供绿色环保的可靠供电。

四、项目成效

配电网智能试验车作为全新的面向配电自动化现场调试及运维测试的移动式作业平台，可有效解决配电自动化现场取电困难、作业环境恶劣、高效测试装备缺乏等问题，为配电自动化现场调试、运维测试、缺陷评估提供了一站式解决方案，配电终端现场测试效率提升 5 倍以上，配电终端接入主站时间由 3h 缩短至 30min，显著提高工作效率，降低了人员劳动强度和成本，每年全省预计可节省运维人员劳动成本 300 多万元。同时，通过提高配电自动化工程调试效率，可有效减少计划停电时间，增加售电量，预计每年可产生经济效益 500 多万元。

五、项目参与人

国网湖南省电力有限公司电力科学研究院：张志丹、刘海峰、冷华、朱吉然、唐海国、龚汉阳、张帝、郭文明。

案例三

配网抢修中锈蚀螺母破除工具的革新及应用

一、研究目的

10kV 线路长期暴露在户外环境下，设备上的螺栓螺帽在多重作用下会出现较为严重的氧化和锈蚀现象，如碰上因过流融化黏合的螺丝，拆除旧设备的难度很大，耗时费力，还会影响抢修作业的顺利进行。

以往作业中拆除锈蚀螺栓螺帽的方法及工具均存在一定局限性和不足。其中，使用钢锯、普通扳手拆除废旧螺栓的劳动强度大，作业效率不高，耗时长，影响抢修速度。现有定型的脚踏式破切工具产品，较钢锯、普通扳手能有效提高工作效率，但仍存在以下问题：

（1）其脚踏泵油路回油开关还需使用手动操作，在高空作业时，受工作场所限制，作业人员弯腰不便，容易疲劳，影响作业的效率。

（2）破除刀头与机身一体化设计，刀头型号单一，不能适应实际设备中螺母型号多样、锈蚀螺母距离大小紧密不一的情况，使用局限性较大。

为解决现有定型的脚踏式破切工具存在的以上问题，国网湖南长沙供电公司对锈蚀螺母破除工具进行技术革新，以减轻劳动强度，提高工作效率和普适性。

二、研究成果

该项目在已有锈蚀螺母破除工具的基础上，研制了一款新型锈蚀螺母破除工具，选择液压泵作为输出动力，使用分体式高压液压管连接可快速更换刀头，将破切刀头延伸至破切作业点，构成高效率破切工具；使用弹簧回力万能扳手作为辅助工具，快速分开锈蚀螺栓螺母，达到迅速抢修设备缺陷的目的。结构图和实物图如图1、图2所示。

该工具共分为四个部分：

（1）脚踏式液压泵：选取机械脚踏式液压泵作为输出动力，具有性能稳定、操作简便、经久耐用的特点。

（2）脚踏式油路开关：改进的脚踏式油路开关控制刀头分合，实现了工作过程的全程脚控加压或者泄压，适用于狭小的高空作业斗内。

（3）高压液压管：使用分体式高压绝缘液压管，连接可快速更换的刀头，将破切刀头延伸至破切作业点，可灵活调整刀头位置和方向，适用于不同的螺母安装位置。

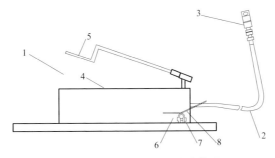

图 1　破除锈蚀螺母工具结构图

1—脚踏式液压泵；2—高压绝缘液压管；3—分离式螺母破切刀头；4—液压油舱；5—供油脚踏板；
6—脚踏开关泄压侧；7—阀杆连接构件；8—脚踏板开关加压侧

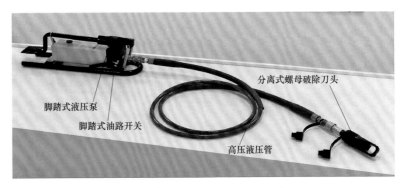

图 2　锈蚀螺母破除工具实物图

（4）分离式螺母破除刀头：高压液压管输出的动力使刀头向前移动，顶切锈蚀螺母，实现螺母破除。

三、创新点

1. 全程脚控加压、泄压，适用于狭小空间

将手动操作油路回油开关改进成脚踏操作油路回油开关，实现了工作过程的全程脚控加压或者泄压（见图3），无需弯腰手动调整阀门，解决了由于高空作业斗内空间狭小，作业人员在螺母破除过程中频繁弯腰开闭阀门造成疲劳的问题。

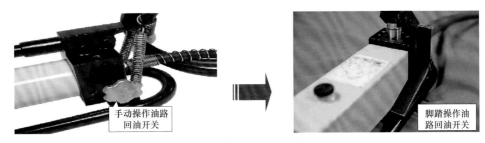

图 3　全程脚控加压、泄压

2. 脚踏式液压泵输出动力，操作更安全、更高效

作业人员无需用手加压，双手能准确握持施力（见图4），更安全、更高效地进行操作。减少操作失误率和劳动强度，提高了作业效率，达到简便、快捷、安全、高效地完成电力设备的快速抢修及检修工作。

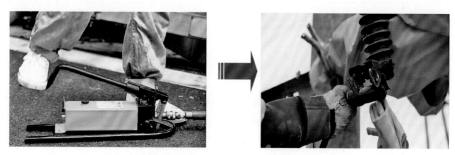

图4　液压动力输出，解放双手

3. 可更换刀头，适用不同螺母型号

针对设备螺母型号跨度大、螺母间距离大小紧密不一致的特点，采用分离式螺母破除刀头（见图5），可更换不同型号的刀头，提升抢修工作效率。

图5　可更换刀头设计

研制的破除锈蚀螺母工具实施后，相关技术问题基本得到解决，其工艺简单，不易损坏，操作难度小，可降低现场作业人员劳动强度，提高工作效率，确保作业安全。

四、项目成效

1. 安全效益

使用该套工具进行锈蚀螺母破除工作时，作业人员能准确握持施力，作业幅度小，操作难度小，可降低现场作业人员劳动强度，提高工作效率，确保作业安全。

2. 实用效益

采用本项目成果可单手进行螺栓螺母拆卸，实现快捷简便、安全高效抢修及检修。使用该套工具破除1粒锈蚀螺帽时长在30s内，更换跌落式保险项目由以往的60min降低至20min，降低了作业人员劳动强度，提高了工作效率。

2017 年，国网长沙供电公司 3 个配电带电班使用该项目成果在迎峰度夏期间开展配电线路抢修、检修，更换相关设备近 400 个作业点，同比 2016 年同期工作量增加 40%，完成工作时间减少一半。

3. 经济效益

锈蚀螺母破除工具缩短了停电作业时长，单条 10kV 线路每缩短停电时间 1h 的经济效益见表 1。

表 1　经济效益分析一览表

电压等级（kV）	单次单条线路带电作业效益分析				
	缩短停电时间/h	平均负荷（万 kW）	多供电量（万 kWh）	电价（元/kWh）	经济效益（万元）
10	1	1.5	1.5	0.633	0.95

每破除 1 颗锈蚀螺母较常规方法缩短 5min，相当于缩短停电时间 5min，带来 791 元的经济效益。在配电停电作业中，每年需破除大量锈蚀螺母，累计经济效益十分可观。

五、项目参与人

国网长沙供电公司：胡斌、喻晖、谢哲勇、吕江林、廖奕平、杨建平、贺彪、曾宇文、孙泽文、周冬、胡攀、贺少林、吴博、张祺、蒯强。

案例四

10kV 配电线路带电更换耐张绝缘子方法研究及工具研制

一、研究目的

不停电更换耐张绝缘子是配网不停电作业中较为常规的一个项目,受限于作业工器具,现有作业方法主要利用绝缘斗臂车作为不停电更换耐张绝缘子的作业平台,作业人员通过绝缘手套,直接对耐张绝缘子进行更换。此种作业方法存在以下缺陷:

(1)在作业方法方面,主要为依靠绝缘手套进行操作的直接作业方式,需大型工程机械配合,当绝缘斗臂车无法到达复杂地形时,作业无法开展;此外,需近距离接触导线,对作业人员技术要求高,危险性大。

(2)在作业工具方面,紧线类工具笨重,遮蔽类工具操作复杂,导致作业效率低、人员劳动强度大。

受限于此,配网不停电更换耐张绝缘子项目开展次数十分有限,难以满足全面开展配网不停电作业的需求。为提高不停电更换耐张绝缘子的安全系数,降低作业难度,该项目开展 10kV 配电线路耐张绝缘子更换方法的研究及工具研制。

二、研究成果

1. 带电更换耐张绝缘子间接作业方法研究

该项目针对直接作业法需要作业人员与带电体接触进而导致作业安全风险较大的问题,提出间接作业新方法。相较于常规绝缘手套直接作业法,本项目提出绝缘杆间接作业法,作业过程中,作业人员利用操作杆对三相导线进行有效遮蔽,使各带电部位与接地体隔离,转变为悬浮电位。接着利用操作杆与地面人员相配合,完成承力工具安装、转移导线负荷、拆除弹簧销使绝缘子与导线脱离以及拆卸承力工具。绝缘杆间接作业法作业操作步骤如图 1 所示。

此作业方法,全程使用绝缘杆操作,无需大型工程机械配合,仅需要人员攀爬杆塔进行绝缘杆操作,并配以地面紧线配合人员即可完成耐张绝缘子更换操作,扩大了作业范围,增大了杆上人员安全距离,增加了作业安全性。该方法适用于 10kV 配网线路边相、中相单串耐张绝缘子的不停电更换。

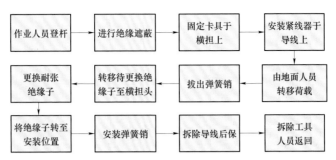

图 1 绝缘杆间接作业法操作步骤

2. 带电更换耐张绝缘子工具研制

为使得带电更换耐张绝缘子间接作业法简单可行，该项目还进行了相关工器具的研制与改良。针对软质遮蔽工具不便于使用操作杆操作的特性，研制了硬质耐张绝缘子遮蔽罩；针对现有紧线类工具笨重，需大型机械配合的特点，研制出轻型翼型绝缘紧线工具；同时，改良了操作杆，研发电动伸缩射枪操作杆，使杆上人员操作更加便捷，省时省力。具体内容如下：

（1）新型硬质耐张绝缘子遮蔽罩

上罩和下罩均包括半圆柱罩体及手柄两个部分，采用尼龙材料制作，机械强度高，韧性好，具有良好的电气绝缘性能。半圆柱罩体内柱面半径为135mm，外柱面半径为159mm，上下罩搭接部分高25mm。罩体上开有直径为6mm通孔，用于将两个罩体通过铰链连接。手柄长190mm，上部开有腰形孔，孔长28mm，孔宽6mm。上下罩的铰链处安装有弹簧，遮蔽罩打开后在弹簧的作用下可以自动关闭。新型硬质耐张绝缘子遮蔽罩如图2所示。

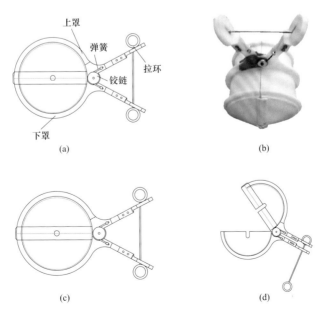

图 2 新型硬质耐张绝缘子遮蔽罩

（a）遮蔽罩设计图；（b）遮蔽罩实物图；（c）遮蔽罩闭合状态；（d）遮蔽罩打开状态

（2）翼型绝缘紧线工具

翼型绝缘紧线工具采用功能结构分类设计的方式，分别设计导线锁紧组件和横担连接构件，用绝缘绳连接使用。

导线锁紧组件包括连接板、翼板和导线咬合块，对称设计，受力均匀，翼板与连接板通过穿过圆孔的销轴铰接为一体，连接板设限制翼板移动的槽沟，有效控制翼板受力平衡，不会发生剪切错位的现象；导线咬合块通过力矩夹紧导线，其内侧将导线夹住、外侧连接翼板。

横担连接构件通过构件上的滑轮将绝缘绳转向地面，通过收紧绝缘绳将导线锁紧组件及导线往横担侧位移，以释放绝缘子的负荷从而更换绝缘子。横担连接构件中部设置为 T 型槽结构板，避免了与连接绝缘子的金具包括直角挂板及螺栓等干涉；中部设置安装螺栓，采用紧配合连接，结构板可上下活动，操作灵活，安装方便，如图 3 所示。翼型绝缘紧线工具使用效果如图 4 所示。

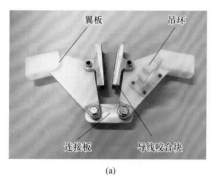 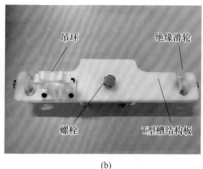

（a）　　　　　　　　　　　　　（b）

图 3　翼型绝缘紧线工具

（a）导线锁紧组件；（b）横担连接构件

图 4　翼型绝缘紧线工具使用效果

（3）电动伸缩射枪操作杆

电动伸缩射枪操作杆采用 12V 无线电机，长为 248mm，手持部分直径为 40mm，质量为 760g，可实现双向转动，空载转速达 1500r/min，扭矩大、动力强。其中电源为 12V 充电锂电池，具有保护装置，寿命为普通电池的 3.5 倍；主动丝杆采用铜材料制作，总长度为 318mm，其一端为 M10 螺纹外表面，螺纹部分长 291mm，外表面为圆柱面，直径 16mm，内表面为边长 9mm 的方孔，与电机输出轴连接，用于传递动力。电动伸缩射枪操作杆如图 5 所示，其机械性能见表 1。

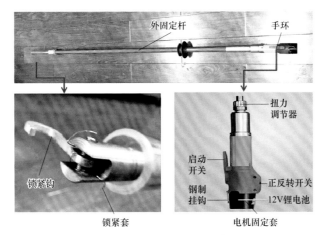

图 5　电动伸缩射枪操作杆

表 1　　　　　　　　　　　　　　　操作杆机械性能要求

荷载类型	允许荷载值	
	绝缘杆标称直径（mm）	
	28 及以下	28 以上
弯矩（N·m）	≥90	≥110
拉力（N）	≥600	

三、创新点

（1）提出了带电更换 10kV 配电线路耐张绝缘子间接作业新方法，作业全过程采用绝缘杆操作，相比绝缘手套直接作业法，增加了作业距离，增大了作业安全性，扩大了作业范围。

（2）研制了翼型绝缘紧线工具，包括横担连接构件和导线锁紧组件，组件各部分受力均匀、稳定性好，并且使用该工具将转移荷载的操作转移至地面，减轻了人员劳动强度。

（3）研制了硬质绝缘遮蔽工具、电动伸缩射枪操作杆，工具重量轻、操作灵活、安全可靠，实现了工具硬质化、自动化两大转变，降低了劳动强度，提高了绝缘遮蔽效率和工作效率。

四、项目成效

采用该项目提出的间接作业新方法，作业人员无需直接接触带电体，作业风险低、效率高、适用范围广，优于传统方法。该项目成果授权专利 4 项、论文录取 4 篇。

一个中等省级电力公司，按每年进行 200 次作业，10kV 线路平均负荷以及平均售电价格计算，该项目成果 2 年可创造直接经济效益逾 4500 万元。研发的装备、工器具突破了技术瓶颈，大幅降低采购成本，特别是翼型绝缘紧线工具成本仅为现有装备的 1/3。此外，与国内外同类装备相比，该项目研制的装备将转移荷载的操作转移至地面，自动化程度高，大幅降低劳动强度，具有更广泛的适用范围。

五、项目参与人

国网湖南省电力有限公司检修公司：龙洋、陈坚平、李辉、刘兰兰、徐溧。

案例五

改善配网不停电作业条件新工具的研制

一、研究目的

随着社会经济高速发展，社会生产和人民生活对配网安全持续供电的要求越来越高。配网不停电作业是减少配网停电时间、提高配网供电可靠性和优质服务水平的重要手段。国家电网公司在 2011 年就提出要大力开展和推进配网不停电作业的发展，2015 年要求配网不停电作业率达到 90%。目前配网不停电作业主要面临以下问题：

（1）配网线路分布区域广，对于地形复杂、空间有限的区域，大型工具车无法进入，需要人工将工具运送至作业点，劳动强度大、人工成本高（见图 1）；

（2）夏季作业时，在近 40℃高温下作业人员还需着密闭的绝缘服，极易引发人员中暑、脱水等安全事故（见图 2）；

（3）现有作业工具种类少、作业过程繁杂，对作业人员技能水平要求高（见图 3）。

图 1　人工搬运劳动强度大　　　　　图 2　高温作业安全风险大

图 3　配网不停电作业工序复杂

针对以上问题，该项目组以改善配网不停电作业条件、拓展作业区域为出发点，通过改变工具动力装置、优化工具结构、应用新型制冷原理、选用性能优异新材料，实现研制工器具的机械化、实用化。研制的工具既为作业人员提供了舒适的作业环境，又提高了作业效率，同时降低了作业人员的劳动强度。对提高配网检修水平，及居民的供电可靠性和优质服务水平具有重要意义。

二、研究成果

针对以上配网不停电作业中存在的问题，项目组研制了系列履带式工具车，包括移动布缆车（见图4）、单相负荷开关（见图5）、移动开关车（见图6）和移动式可伸缩绝缘梯（见图7）、绝缘空调服（见图9）、绝缘导线剥皮工具（见图12）、新型硬质耐张绝缘子遮蔽罩等工具。

图4 移动式布缆车

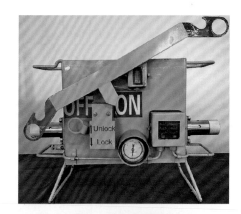

图5 单相负荷开关

图6 移动开关车

图7 移动式可伸缩绝缘梯

1. 履带式作业车和单相负荷开关

负荷开关、电缆盘等重量重、体积大，需由多名人员协同搬运，尤其是在房舍集中、道路窄小、地形复杂大型工具车辆难以进入的区域，工具的搬运工作更加困难，耗费大量的人力成本。因此本项目借助可以无线遥控的、越野能力强的多功能履带车，研制了移动布缆车、单相负荷开关和旁路搭建的负荷开关车。

此外，为了保证旁路搭建的负荷开关车上负荷开关稳定性，优化了开关车的结构，使其可以自动调整负荷开关在运输和使用时的位置（水平或垂直）；移动布缆车可以承受较大负荷，同时装载一盘或多盘电缆。移动布缆车、旁路搭建的负荷开关车和单相负荷开关实现了配网作业工具的机械化和自动化，降低了作业人员劳动强度，提高了作业效率。

对于绝缘斗臂车无法驶入的区域，登杆作业存在一定危险性，临时搭建高空作业平台延长作业时间且稳定性难以保证。该项目研制的带固定支腿的移动式可伸缩绝缘梯可为作业人员提供一个近 10m 的稳定高空作业平台（见图 8）。梯子主要由三级梯本体和履带底盘组成，梯子本体采用高强轻质树脂制作，大大降低了梯子的重量；结构为顶端开口的整体式盒体，减少了梯子的体积；可以实现梯子本体的自主、自动升降，履带车底盘设计有可伸缩的四根支腿，保证绝缘梯的稳定性。该移动式可伸缩绝缘梯稳定可靠，易于操作，降低了作业人员劳动强度，拓宽了作业地域，保障了作业人员安全。

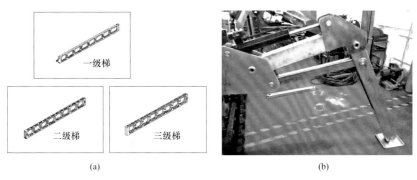

图 8　移动式可伸缩绝缘梯细节结构图
（a）三级梯本体；（b）固定支腿

2. 绝缘空调服

本项目发明了温度可自动调节的绝缘空调服。绝缘空调服内部设计气体管路（见图 9），利用涡流管进行压缩空气制冷，起到降温效果。涡流管的制冷原理如图 10 所示，可以将流进涡流管的压缩空气分成冷气和热气两股气流。绝缘空调服将从涡流管流出的冷气通过绝缘服中的气流管路输送到人体温度感知敏感的部位，从而达到给人体降温的目的（见图 11）。此外，绝缘空调服涡流管冷气出口处设有温敏传感器，在热出气口处设有气流调节电机。通过控制面板控制气流调节电机，进而控制排气量，从而使冷气口气体温度达到设定温度，绝缘空调服的温度可以连续调节。

该绝缘空调服结构简单，成本低、无运动部件，使用方便，可以显著降低了作业人员体表温度，为其提供了一个舒适的作业环境，避免作业人员中暑和脱水风险，保障了作业人员安全。

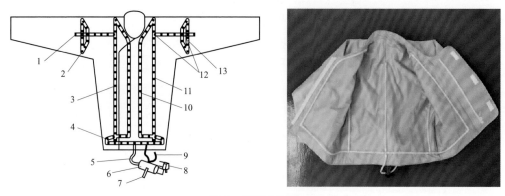

图 9　绝缘空调服

1一封口塞；2一上臂环形管路；3一绝缘服内后侧管路；4一底部环形管路；5一温敏传感器；6一涡流管；7一进气孔；
8一热出气口气流调节电机；9，11一魔术贴；10一绝缘服内前侧管路；12一管路接头；13一出气孔

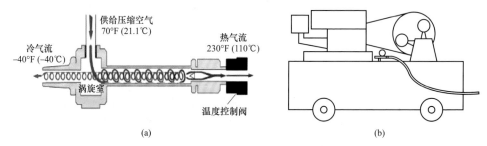

图 10　绝缘空调服制冷机理

（a）涡流管制冷原理；（b）空气压缩机

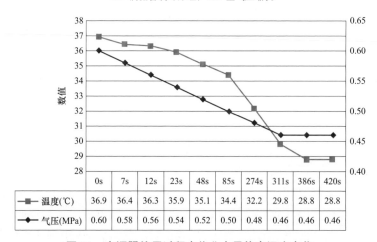

	0s	7s	12s	23s	48s	85s	274s	311s	386s	420s
温度（℃）	36.9	36.4	36.3	35.9	35.1	34.4	32.2	29.8	28.8	28.8
气压（MPa）	0.60	0.58	0.56	0.54	0.52	0.50	0.48	0.46	0.46	0.46

图 11　空调服使用过程中作业人员体表温度变化

3. 绝缘导线剥皮器

　　目前，配网不停电作业常采用绝缘手套法直接接触导线，该方法危险性高。市场上现有剥皮器价格昂贵、重量重。本项目设计的剥皮器如图 12 所示，采用棘轮机构作为传动构件，带动刀具旋转运动将绝缘导线的绝缘外皮剥除露出金属导体；所用刀具为专用斜切刀具，以实现自动进刀的功能。可以适用不同直径电缆；剥离不同厚度的绝缘皮；刀具切割

剥除绝缘外皮时运动稳定，不损伤金属导体部分，剥皮效果如图13所示；使用绝缘杆操作，作业人员远离导线（见图14）。本工具结构简单，重量轻，成本低，适用用范围广，剥皮效率高，作业环境安全。

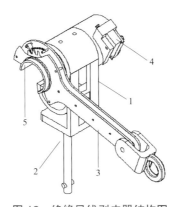

图 12　绝缘导线剥皮器结构图

1—固定座；2—活动夹体；3—传动构件；4—刀具；5—卡线器

图 13　剥皮器的剥皮效果

图 14　绝缘导线剥皮工具

三、创新点

（1）针对农配网线路地形复杂的问题，研制了系列履带式作业车，在一定程度实现了工具的机械化和自动化，实现了载人、载工具、布线放线等功能的自动化以及绝缘梯的自动升降和自主平衡功能，降低作业人员劳动强度。

（2）针对高温天气威胁作业人员身体健康的问题，发明了绝缘空调服，制冷部件结构简单、温度可调、降温持续时间长，可以显著降低作业人员体表温度，为其提供了一个舒适的作业环境，避免作业人员中暑和脱水风险，保障作业人员安全。

（3）针对绝缘导线绝缘皮剥除困难的问题，发明了绝缘导线剥皮器，可以适应各种线径的导线，且损伤导线金属；绝缘子用遮蔽罩使用便捷，排除了遮蔽盲点，保障作业人员安全。

四、项目成效

该项目研制的工具对于降低作业人员劳动强度，提高工作效率，拓展作业范围，改善作业环境具有重要意义，应用前景广阔。移动式布缆车、旁路搭建的负荷开关车和移动式可伸缩绝缘梯每件产品可获得至少 3 万元的销售利润；绝缘空调服和绝缘导线剥皮器每件产品可获得至少 1 万元的销售利润，列入配网不停电作业推广工器具后，将获得显著的经济效益。

项目成果将全面提升国家电网公司的配网检修能力，大大提高电网的供电可靠性，保障人民的正常生产和生活用电，促进国民经济的持续健康发展，提升国家电网公司履行社会责任的能力，具有显著的社会效益。

五、项目参与人

国网湖南省电力有限公司检修公司：刘兰兰、徐溧、唐力、李金亮、陈坚平、严宇、欧乃成、周展帆。

案例六

新型配网内置型柱式防雷限压装置

一、研究目的

10kV 配网架空线路结构复杂，耐雷水平较低，线路在感应雷作用下易发生故障跳闸及雷击断线事故，轻则引起供电中断，严重时还会引起人身触电事故（见图1～图3）。根据统计分析，2015 年和 2016 年国网湖南省电力有限公司 10kV 配网架空线路故障原因中雷击故障占比分别为 46.6% 和 45.8%，雷击故障已成为影响架空线路可靠运行的主要问题，急需通过加装防雷装置降低 10kV 配网架空线路雷击跳闸率，提高供电可靠性。

图 1　雷击现场及断线图

图 2　雷击损坏的避雷器及绝缘子

图3 防雷装置安装不当导致雷击故障

目前，常规应用最为广泛的防雷装置主要有避雷器、放电嵌位绝缘子和防弧金具，这三种防雷装置，并在防止雷击跳闸及断线方面均能起到一定的作用。但是，各自又存在缺陷，主要有防雷间隙距离安装时难以调节、穿刺型或剥线型防雷装置易破坏导线整体结构、无法有效解决架空线路雷电防护的问题。

针对上述问题，项目组研制开发了一种配网架空线路用新型内置型柱式防雷限压装置，将绝缘子与避雷器的功能融为一体结构式，装置具有优异的雷电防护功能，安装简单无需现场调节间隙、无需破坏导线结构，不仅能替代柱式绝缘子使用，还能有效降低雷击造成的线路跳闸，防止雷击断线，有效提高多雷区配网线路的安全运行水平。

二、研究成果

项目组针对 10kV 配网架空线路防止雷击事故的迫切需求和常规防雷装置的缺点，结合配电线路的实际运行状况和现场施工情况，采用"堵塞式"的防雷原理，将绝缘子与避雷器的功能融为一体，提出一种适合在配网架空线路上使用的新型配网内置型柱式防雷限压装置，具有防雷效果好、体积小，重量轻，安装方便、可靠性高、记录雷击次数、维护方便的特点，对保证配网的安全、可靠运行具有重大意义，其结构图如图4所示。

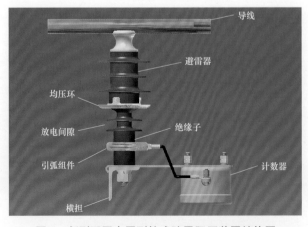

图4 新型配网内置型柱式防雷限压装置结构图

本项目设计的新型内置型柱式防雷限压装置的工作原理为：

在系统正常运行时，绝缘子与避雷器部分共同承担电压，对工频电压进行隔离，其中避雷器本体承受的比例很小。在幅值足够高的感应雷或直击雷过电压作用下，避雷器本体呈现低阻抗，瞬间导通，雷电经柱式避雷器本体下端传至均压环，再经均压环通至放电间隙中，放电间隙被击穿，由于绝缘子支柱的隔离作用，雷电会通过引弧组件经计数器组件泄入大地，同时计数器组件动作，显示雷击放电次数增加一次；雷电冲击过后，柱式避雷器本体呈高阻抗，续流电弧在极短的时间内熄灭，放电间隙绝缘迅速恢复，线路回到正常运行状态，不会引起线路跳闸或导线损伤。

项目组研制的新型配网内置型柱式防雷限压装置通过直流 1mA 检测、动作负载试验、方波和大电流冲击耐受试验、工频耐受电压、雷电冲击耐受试验等，均符合相关标准要求；成果已申请国家发明专利 1 项，授权实用新型专利 1 项；已发表中文核心期刊《电气应用》和《电子技术应用》共 2 篇。

三、创新点

（1）针对目前配网防雷装置的安装对现有架空线路的破坏和使用可靠性等问题，首次提出了一种新型配网防雷限压装置，装置为绝缘子和避雷器一体式模压成形结构，有效解决了绝缘子与避雷器需分别安装的难题，消除了安装工艺对绝缘导线的机械性能和密封性能的影响；当雷击幅值过高避雷器击穿后，绝缘子仍具有支撑导线作用，配网架空线路仍能正常运行，可以减少防雷装置本身故障引起的线路问题，新型配网内置型柱式防雷限压装置实物图如图 5 所示。

图 5　新型配网内置型柱式防雷限压装置实物图

（2）针对目前 10kV 配网架空线路避雷器或绝缘子雷击故障后难以发现的问题，提出了一种基于温升变色效应的配网雷击故障指示方法，防雷限压装置均压环表面喷涂特殊不可逆型变色漆，当避雷器故障被击穿时，工频电弧施加于均压环上，均压坏由橙色变为蓝黑色，解决了防雷装置出现故障时标识不明显，巡线人员故障查找困难的难题，如图 6 所示。

（a）   （b）

图6 防雷装置均压环喷涂特殊不可逆型变色漆

（a）过流前；（b）过流后

（3）针对目前大量防雷装置现场安装时需人工手动调节放电间隙距离的问题，提出了一种基于内置式环形电极的雷电流泄放方法，防雷限压装置放电电极采用内置式环形电极间隙距离固定，无需现场人工调整，且放电电压稳定，解决了目前防雷装置受安装工艺限制的问题，有效提高了装置的防雷效果，如图 7 所示。

图7 新型配网内置型柱式防雷限压装置间隙放电示意图

（4）针对目前 10kV 配网架空线路防雷装置的防雷效果无法有效验证的问题，提出了将防雷装置集成雷击放电计数器，可实时记录雷击次数，有效提高了配网架空线路状态监测水平，为防雷装置寿命评估及管理提供了数据支撑。

四、项目成效

项目研制的新型配网内置型柱式防雷限压装置按区段防雷思路已应用于国网湖南省电力有限公司 130 余条 10kV 配网架空线路防雷改造工程，应用效果良好，现场应用情况如图 8 所示。在雷电冲击过后，柱式防雷限压装置本体呈高阻抗，续流电弧在极短的时间内熄灭，不会引起绝缘闪络，自投运后未发生一起由于雷击引起的线路跳闸或断线事故，且装置运行良好。

图 8　新型配网内置型柱式防雷限压装置现场应用图

1. 经济效益

（1）新型配网内置型柱式防雷限压装置具有良好的防雷效果，能显著降低雷击跳闸率，提高供电可靠性。按每条线路每年降低雷击跳闸率减少停电时间 4d，10kV 配网线路日均输送电量为 62 570kWh 计算，可减少电量损失 250 280kWh，按照电价 0.615 元/kWh 计算，每年每条线路可节省电费 15.392 万元。目前已应用于湖南省 130 余条防雷试点线路，共节省电费 2000 万元。

（2）解决了现有防雷装置绝缘子与避雷器需分别安装的问题，降低了装置成本和施工难度，其成本比柱式绝缘子加带脱扣避雷器装置成本低 10%～20%（约降低 150 元）；其施工成本比柱式绝缘子加带脱扣避雷器整体施工成本低 40%～50%（约降低 280 元），另外，防雷装置无需单独进行接地电阻改造，每基杆塔可节省 3000 元，按照每条 10kV 配网架空线路平均新建或改造 40 基杆塔计算，每条线路可节省装置和施工成本 13.72 万元，目前已应用于湖南省 130 余条防雷试点线路，共节省防雷装置和施工成本 1780 万元。

2. 社会效益

（1）防雷装置的应用提高了 10kV 配网架空线路防雷装置防雷效果和可靠性，大幅降低 10kV 配网架空线路雷击跳闸率，有效提高了配网架空线路的安全运行水平，提高优质服务，具有显著的社会效益。

（2）防雷装置的应用，大幅降低巡视人员巡线工作量和难度，提高了电网运检效率；避免对架空导线的机械性能和密封性能造成影响，降低了电网经营成本。

五、项目参与人

国网湖南省电力有限公司电力科学研究院：赵邈、齐飞、周恒逸、段绪金、万代、彭涛。

案例七

小型快装便携式吊装检修平台

一、研究目的

目前，配网 35kV 开关站、10kV 开闭所的现场检修试验工作受地形、环境因素影响，断路器、隔离开关、电流互感器、电压互感器等设备的吊装、检修试验花费时间长、停电范围广、工作效率低，主要表现如下：

1. 存在安全风险，工作效率低

一是上述设备进行检修工作与高压试验时，高处作业受设备和条件的限制，存在安全带或后备绳低挂高用的问题，作业人员在构架上极易因习惯性违章失去保护，存在安全隐患。二是采用梯子上下构架时，由于梯子可移动性较大，稳定性差，对人身安全存在威胁；同时，由于缺少良好作业平台，工器具上下传递耗时，效率较低。三是对隔离刀闸解体检修安装、支柱瓷瓶的更换安装或对 35kV 及 10kV 等的电流互感器、电压互感器等进行更换，受现场条件的制约，无法使用吊车，需要搭建传递平台，大大降低工作效率。

2. 需扩大停电范围，费用较高

一是吊车起吊设备时，所需作业空间大，往往会导致停电范围扩大，易引发投诉，增加优质服务难度。二是自建检修平台使现场的吊装工作变得复杂、安全性低。三是吊车的使用耗时长、费用高。

目前国内外没有针对配网的小型快装便捷吊装检修平台，而现有自建检修平台极为复杂、效率低，功能单一，不利于推广，因而研发针对配网的小型快装便捷吊装检修平台十分必要。

二、研究成果

本项目通过咨询、借鉴、总结有关技术经验，对配网吊装、检修试验工作进行了深入研究分析，经过两年的使用改进，研制出了适用于配网 35kV 开关站、10kV 开闭所站内检修的小型快装便携式吊装检修平台。

小型快装便携式吊装检修平台主要由手摇基座、检修平台和吊臂三部分组成，如图 1～图 3 所示。其中，手摇基座用于固定，具有升降功能，为检修平台提供作业支点，占地面积小，能适用不同高度的检修作业；检修平台用于高空检修作业，可有效避免搬运绝缘梯及站在绝缘梯检修时可能发生的触电、不稳定等安全隐患。同时可用于摆放工器具，提高检试人员检修效率；吊臂具有吊装功能，能够吊装断路器、隔离开关等设备，减少作业人

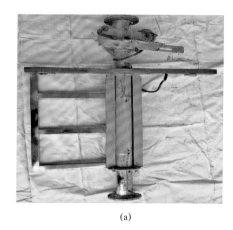

员工作强度、提高效率，减少停电范围，此外还能提供牢固的保险架功能，解决检修人员高处作业时保险带或后备绳"高挂低用"的难题。

图1　手摇基座

图2　检修平台

图3　吊臂

（a）下部；（b）中部；（c）上部

小型快装便携式吊装检修平台现场使用成效如图4所示。

图4　小型快装便携式吊装检修平台

小型快装便携式吊装检修平台具有以下优点：

1. 便于运输

小型快装便携式吊装检修平台重量不超过 60kg，便于携带和运输。

2. 机械强度高、稳定性好

用于吊装、检修工作时，该小型吊装检修平台可以吊装 500kg 以内的设备，同时整个平台不会发生摇晃，稳定性好。

3. 组装简单、制作成本低

摆放好图 1 手摇基座，将吊臂［图 3（a）］连接好，再将图 2 搭建好，依次将吊臂［图 3（b）、（c）］部分组装好，最后把钢丝绳、检修平台围栏装好，吊臂卡好位即可，整改安装过程简单仅用螺丝和一把扳手。该工具结构简单、便于机械加工，制作成本低，适合推广应用。

三、创新点

1. 操作简便、安全性高

本项目成果操作简单、使用方便，具有运输组装便捷、设计合理、重量轻、操作简单省力、安全可靠等特点，能有效提升作业现场的可控性，解决高空作业的重大人身安全问题，减轻作业人员劳动强度，提高劳动效率，增加作业安全系数，保障检修人员的人身安全。

2. 对场地要求小，缩小停电范围

使用小型快装便携式吊装检修平台进行站内检修，对地形、环境要求不高，可在小范围内开展检修作业，能最大限度减少停电范围，增加售电量。提高了配网 35kV 开关站、10kV 开闭所设备的运行、维护水平，降低了维护成本。

四、项目成效

1. 安全效益

小型快装便捷吊装检修平台的应用有效保障了作业人员的作业安全，大大降低了落物伤人、高空坠落等作业风险。

2. 经济效益和社会效益

该小型快装便携式吊装检修平台已经在湖南多个市、县公司推广，据使用情况统计，约能减少停电时间 2.5h/次，节省吊车支出费用 0.24 万/次，每次提升效益 0.448 万元，带来直接经济效益。此外，使用本便携式吊装检修平台，能最大限度缩小停电范围，减小检修期间带来的售电量损失，具有可观的经济效益。

五、项目参与人

国网郴州供电公司：李治权、彭赛红、呼文君、邓向国、李荣、李阳洋、付华杰、李佳斌、王梓洋。

案例八

10kV 配电线路瓷横担全遮蔽绝缘罩研制

一、研究目的

10kV 配电线路带电作业前需对人体可能触及的带电体和接地体进行绝缘遮蔽或装设绝缘隔板等。对于线路及变压器上的 10kV 瓷横担的绝缘遮蔽，一般采用绝缘毯包裹，作业人员穿戴绝缘手套进行包覆和固定，步骤繁多；由于使用绝缘手套，作业人员在包裹尺寸较大的瓷横担时容易形成包裹盲点，极易为后续的工作埋下安全隐患。目前市场现有的10kV 配电线路带电作业瓷横担绝缘遮蔽罩均为半遮蔽，且由于瓷横担端头部分走线方式多样，不具有通用性。

针对以上问题，为了对 10kV 配电线路瓷横担绝缘子进行便捷有效遮蔽，本项目组设计一种新型遮蔽罩，能同时兼顾绝缘性能、强度及电气性能等多方面要求，且便于安装和拆除。

二、研究成果

带电作业中需进行绝缘遮蔽的瓷横担如图 1 所示，现有的绝缘遮蔽罩如图 2 所示。为改变现有绝缘罩半遮蔽及通用性不佳等问题，本项目研发了一种遮蔽过程简单、便捷、能够实现全遮蔽的通用性的横担绝缘子用遮蔽罩，如图 3 所示。

图 1　瓷横担

图 2　现有瓷横担遮蔽罩

全遮蔽绝缘罩由遮蔽罩主体、提环、裙边等三部分组成，其中，遮蔽罩主体起主绝缘作用，其顶端采用半开口设计，最大限度包裹瓷横担的同时兼顾瓷横担端头部分走线方式不一的通用性；提环的设计，便于安装和拆除绝缘罩；裙边内侧设计为锯齿面，按压裙边，即可使裙边的锯齿面相互咬合，实现瓷横担全遮蔽。全遮蔽绝缘罩采用改性橡胶制备，厚度为 3mm，重量仅为 0.5kg，质地轻薄，安装方便，其性能见表 1。

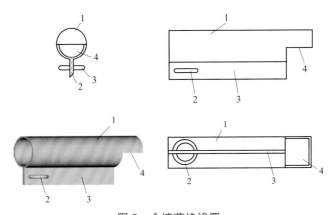

图 3 全遮蔽绝缘罩
1—遮蔽罩主体；2—提环；3—裙边；4—导线出口

表 1　　　　　　　　　　3mm 厚改性橡胶的各项性能参数

性能	指标
电气性能	交流 12kV/4h 不击穿
绝缘强度	交流 20kV/3min（浸水 16h）不击穿
阻燃性能	燃烧 10s 后自熄 ≤2s
耐热老化性能	70ºC，168h，拉伸强度保持率 94%
耐磨性能	8500 圈，未磨裂
密度	1.19g/cm³

　　使用全遮蔽绝缘罩时，作业人员戴上绝缘手套后，在裙边两侧提环处打开遮蔽罩主体，从绝缘子下方、绝缘子底端导线侧开始安装遮蔽罩直至遮蔽罩完全套住绝缘子，根据导线安装方式调整遮蔽罩至合适位置；然后，从裙边两侧按压裙边，使裙边的锯齿面相互咬合即可闭锁；取下遮蔽罩的方式与安装过程相反。为了保证绝缘效果，导线出口处及导线可用绝缘毯包裹。

　　相较于现有绝缘遮蔽罩，全遮蔽绝缘罩有安装简便、快捷、安全性能高、通用性好的特点。通过将导线出口设计为宽度稍大于两倍导线直径的矩形口，进一步提高了安装的便捷性。同时，圆柱形的遮蔽罩主体设计方案以及可相互咬合的锯齿面裙边设计，提高了绝缘封闭的效果，可有效防止由于外力作用而坠落，确保绝缘遮蔽效果。

三、创新点

1. 全遮蔽设计，提高了安全性

10kV 瓷横担绝缘子挂线方式多样，遮蔽罩采取一端半开口的全遮蔽设计，最大限度实现绝缘遮蔽的同时，能适应各种导线挂接方式，提高了安全性能。

2. 锯齿面裙边设计，增大了安装稳定性

全遮蔽绝缘罩在侧面开口两侧设计裙边，可以轻易实现闭锁，有效防止使用中或外力作用下脱落。

3. 应用柔质、轻型材料，降低了劳动强度

制作绝缘遮蔽罩的材料一般用 ABS 塑料和高密度聚乙烯，但是这两种材料的质地硬，不便于遮蔽罩打开。本项目突破了传统硬质绝缘塑料的限制，采用质地软、密度小的新型橡胶，使用便捷，降低了劳动强度。

四、项目成效

相对于绝缘毯遮蔽和现有绝缘遮蔽罩，全遮蔽绝缘罩在保证电气性能、绝缘性能、机械性能满足要求的条件下，更加便捷，遮蔽步骤简化，降低了劳动强度，消除了遮蔽盲点，增加了作业的安全性能。

全遮蔽绝缘罩已在湖南检修公司带电作业中心配网培训场地进行了试用，使用效果良好。

五、项目参与人

国网湖南省电力有限公司检修公司：王梯清、郑克全、刘兰兰、曾文远、饶果、冷涛、曾文坚、谭兵、向凯、郭昊。

案例九

美式箱变围栏

一、研究目的

美式箱变多安装在人口密集的道路旁、小区内等地方。在结构上,美式箱变采用一体化设计模式,将负荷开关、环网开关、避雷器和熔断器结构简化放入变压器油箱浸在油中,并取消了油枕、油箱,所有部件通过变压器油进行散热。浸入油中的任何一个部件发生故障,都将使油箱中油温升高,同时产生大量的气体,若泄压不及时,存在较大喷油隐患,威胁过往行人安全。目前电网中有较多数量的美式箱变在运行,若为解决喷油隐患而全部更换,将造成巨大的经济浪费。为解决以上问题,同时兼顾经济性和安全性,本项目提出了采用美式箱变围挡加强防护,有效隔离美式箱变因内部故障造成箱体薄弱环节炸裂喷油,保护行人安全。

二、研究成果

美式箱变围栏包含土建部分和围挡部分,具体设计如下:

1. 土建部分

美式箱变围栏土建部分指围栏箱体的地基。对于美式箱变周围已有固化地面的,可在美式箱变围栏的内四角处打入四根钢筋,然后砌砖混结构基础;对于美式箱变周围没有固化地面的,基础开挖至设计深度,方可进行基础施工。围栏混凝土基础设计的耐力 150kN/m^2;混凝土基础采用现浇 C20 混凝土,外墙面贴瓷板;基础内四角处的露头钢筋与美式箱变围栏焊接,用以固定美式箱变围栏,如图 1 所示。

2. 围挡部分

围挡部分充分考虑隔油和散热要求,采用四周封闭加百叶窗,顶部敞开的设计,其设计图如图 2 所示,3D 框架结构如图 3 所示。美式箱变围栏柜架采用 2.0mm 敷铝锌板压制,围栏底座采用双折边,增加围栏整体强度;整个柜架全部采用螺丝拼接。围栏与柜架采用铆接;围栏与美式箱变两侧最小距离不小于 300mm;围栏采用内开门,开门处与美式箱变尺寸不小于 900mm;美式箱变围栏采用双面复合彩钢板,颜色选用国网绿;门框采用铝合金包边,每个门下部都安装百叶窗。其实物安装图如图 4 所示。

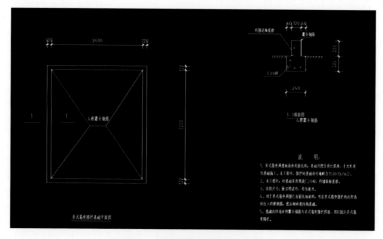

图 1 美式箱变基础设计图

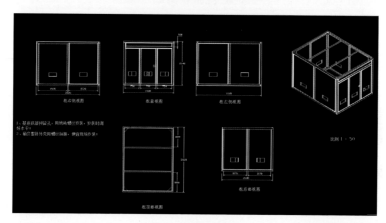

图 2 围栏设计图

图 3 美式围栏框架结构图

图 4 美式围栏现场安装实例

3. 规格型号

根据美式箱变型号，本项目设计了适合各种美式箱变的围栏，具体规格见表 1。

表 1 美式箱变围栏规格 单位：m

序号	名称	基本尺寸（厚×宽×高）	单位	备注
1	单门美式箱变围栏 1 型	3.32×2.6×2.24	台	前开检修门
2	单门美式箱变围栏 2 型	3.32×3.2×2.24	台	前开检修门
3	单门美式箱变围栏 3 型	3.32×3.8×2.24	台	前开检修门
4	单门美式箱变围栏 4 型	3.32×4.4×2.24	台	前开检修门
5	单门美式箱变围栏 5 型	3.32×5.0×2.24	台	前开检修门
6	双门美式箱变围栏 1 型	3.92×2.6×2.24	台	前、后开检修门
7	双门美式箱变围栏 2 型	3.92×3.2×2.24	台	前、后开检修门
8	双门美式箱变围栏 3 型	3.92×3.8×2.24	台	前、后开检修门
9	双门美式箱变围栏 4 型	3.92×4.4×2.24	台	前、后开检修门
10	双门美式箱变围栏 5 型	3.92×5.0×2.24	台	前、后开检修门

三、创新点

（1）针对美式箱变故障喷油的隐患，对在运行无缺陷美式箱变，提出围而不换的方式，可以有效隔离潜在喷油隐患对行人造成伤害；

（2）为了方便快速安装，整个围栏全部按照模块化设计、标准件生产和拼接式组装，现场施工人员仅需根据实际情况选择对应的设计尺寸，修砌对应的基础，即可将标准零件拼装完成；

（3）美式箱变围栏采用双面复合彩钢板，相对于以往的不锈钢等材质更耐用、更防火和更美观；

（4）美式箱变围栏与美式箱变两侧最小距离不小于300mm，开门处与美式箱变尺寸不小于900mm，相对于以往的围栏紧贴设备安装，留有足够的缓冲距离缓解喷油或高燃气体的压力，同时便于美式箱变日常散热。

四、项目成效

1. 实用效果

围栏采用模块化设计，安装方便，从运输到安装完成仅需50min，节约了时间和人力的成本。带百叶窗的复合彩钢板围栏板，顶部敞开设计，限制了美式箱变变压器油的喷洒路径，兼顾了散热和遮挡效果，有效保证行人生命安全。

2. 经济效益

美式箱变多位于人口密集区，容量较大，供电负荷多，若仅因为存在喷油隐患即进行全体更换，工作量大，成本高，造成资金浪费。给运行状况良好的美式箱变加围栏，能在保留原美式箱变继续运行情况下，保障人身安全，具有很高的实用性和经济效益。

五、项目参与人

国网郴州供电公司：罗聪颖、张新友、王帅伟、李虎、姜成元、谭聪、邓林海、王璞、王品、黄欣、袁林、蒋宣锋。

案例十

带电更换跌落式熔断器成套装置

一、研究目的

传统带电更换跌落式熔断器作业过程中存在以下问题：

（1）传统方法更换跌落式熔断器绝缘措施必须设置到位，在作业过程中，更换前需将绝缘引流线安装在故障跌落式熔断器两端进行引流，然后再对跌落式熔断器进行检查和更换，作业流程繁琐，耗时长。

（2）作业中绝缘引流线不便于固定，需要绝缘遮蔽的地方多，整个作业过程耗时长，作业人员易疲劳，存在较大安全隐患，导致带电更换跌落式熔断器困难重重。

基于上述情况，本项目研制出一种使用在带电更换跌落式熔断器的成套装置，以解决带电更换跌落式熔断器过程中引流线不便安装、遮蔽工作量大等问题，从而实现缩短停电时长，降低作业人员劳动强度的目标。

二、研究成果

传统带电更换跌落式熔断器主要包括以下7个步骤：① 绝缘斗臂车升空至工作位置；② 遮蔽故障相跌落式熔断器及临相带电体、接地体；③ 安装绝缘引流线固定支架；④ 安装绝缘引流线并检测通流情况；⑤ 带电更换故障跌落式熔断器；⑥ 拆除绝缘引流线、固定支架及遮蔽措施；⑦ 返回地面。

其中几个关键作业步骤图如图1～图4所示。

图1 更换前的遮蔽工作

图2 安装绝缘引流线并检测通流情况

图3　带电更换故障跌落式熔断器

图4　拆除绝缘引流线、遮蔽措施等

各步骤作业用时统计表如表1所示。

表1　　　　　　　　　　各步骤作业用时统计表　　　　　　　　　单位：min

序号	流程各步骤用时							作业用时
	一	二	三	四	五	六	七	
1	4	13	5	25	8	23	3	81
2	4	12	5	25	9	23	4	82
3	3	12	6	26	9	22	4	82
4	4	12	5	25	9	21	4	80

在采用传统方法带电更换单相故障跌落式熔断器平均耗时81.25min，若出现多相跌落式熔断器发生故障或者线路所在地形不好时，耗时将更长。从表1中可知，耗时最长的为步骤4和步骤6，即安装和拆除绝缘引流线。为此，本项目研发了绝缘引流线成套装置，简化装、拆流程，缩短作业时间。

绝缘引流线成套装置，主要包括卡座、外绝缘撑杆、绝缘引流线、铜线夹及相关配件五个部分组成，采用分体式结构设计、主材为环氧树脂、线夹为铜质材料制作，其设计图如图5、图6所示。

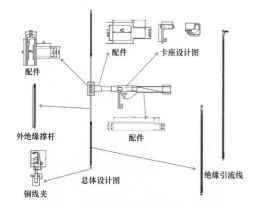

图5　绝缘引流线成套装置设计图

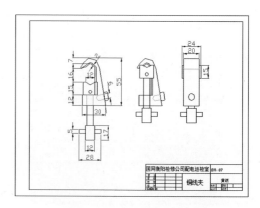

图6　引流线铜线夹设计图纸

实物图及现场安装使用效果如图 7、图 8 所示。使用时，先将卡座固定在跌落保险横担上，再用铜线夹和铜鼻子连接跌落保险上、下两端即可，步骤少，操作简便，能大大节省作业时间。此外，绝缘引流线、线夹、卡座一体化设计，所需作业空间小，无需在高空进行卷绕和松开绝缘引流线，引流线位置固定，作业安全性和可靠性高。

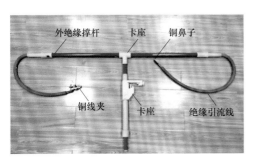

图 7　整体样品实物图　　　　　　　　　图 8　现场安装使用效果

为了严格检验研制的绝缘引流线成套装置性能，其电气性能试验依据 DL/T 878—2004《带电作业用绝缘工具试验导则》标准完成型式试验。试验结果证明绝缘引流线成套装置性能符合标准要求，能够满足现场长期安全可靠运行的需要。如图 9 所示。

图 9　工器具性能检测报告

三、创新点

（1）绝缘引流线、线夹、卡座一体化设计，简化作业流程，减小所需作业空间，提高工作效率和作业安全性。

（2）可应用在不同类型的故障带电更换作业中，有效解决了换跌落式熔断器过程中引流线不便安装、遮蔽工作量大的矛盾，缩短了停电时间，降低了作业人员劳动强度。

四、项目成效

绝缘引流线成套装置的使用显著缩短了作业用时，用时如表2所示。

表2 采用本项目各步骤作业用时统计表 单位：min

序号	流程各步骤用时							作业用时
	一	二	三	四	五	六	七	
1	3	10	2	11	8	10	3	47
2	4	9	2	10	8	9	4	46
3	3	9	2	11	9	10	3	47
4	3	9	2	10	8	10	3	45

如表2所示，在使用绝缘引流线成套装置进行同样操作时，步骤二、四、六平均耗时从活动前12、25、22min分别降至9.25、10.5、9.75min，同时整个作业流程平均用时从活动前的81.25min降至46.25min（缩短了35min），大幅减少了停电时间。

国网衡阳供电公司每年累计更换故障或老旧的跌落式熔断器约1200次，累计缩短停电时间720h，以跌落式熔断器后段平均配变容量500kW、用电性质为居民用电为例，可直接增加公司电量销售费用总额达到500×720×0.519 5=18.7万元，其中因缩短停电时间而降低用户的投诉率所带来的社会效益十分可观。

五、项目参与人

国网衡阳供电公司：唐晓东、郑小革、何志军、张清明、周宇锋、谭鹏飞、范超、秦长忠、王玮、曾小军、袁媛。

第五章　智能运检

案例一

高效智能输电线路山火灭火机器人研究及应用

一、研究目的

电网山火灾遍及 100 多个国家，而我国大部分省份均为山火高发区，每年因山火造成输电线路大量烧损和跳闸停电。仅 2013 年大年初一这一天我国电网线路附近就多达上千处山火，造成 64 条重要线路跳闸停电。2013 年 3 月 28 日，±800kV 云广线因山火停运，5 月 13 日，特高压长南线因山火跳闸停电长达 60h。2014 年 12 月 31 日，特高压锦苏线发生山火闭锁，损失负荷超过数百万千瓦。山火已严重影响电网的安全稳定运行。输电线路山火如图 1 所示。

图 1　输电线路山火

对电网初发山火采取灭火是最有效的线路防山火跳闸措施。输电线路山火现场山高坡陡，灭火人员难以到达。由于火灾扑救和带电灭火的危险性，近距离人工灭火存在较大安全风险。采用机器人替代人员灭火，可以保障输电线路灭火人员的安全，提高复杂地形下灭火的效率，降低现场运维人员劳动强度，具有重要的现场应用价值。但由于现场地形复杂，水源匮乏，火场温度高、防护难度大，可视化程度低，急需开发越野能力强、灭火效率高、灭火自动化程度高、人机交互便捷的高效智能输电线路灭火机器人。

二、研究成果

该项目创新团队中从事电力、机械、信息、材料等专业的成员通过 3 年协同创新，开发完成了满足上述需求灭火机器人，完成了多项创新成果。

1. 研发重载履带式全地形移动底盘

提出机械变速箱大扭矩技术，解决野外爬坡大扭矩的难题。提出电控双流转向传动技术，实现低功耗，续航时间长达 4h，提高了灭火机器人地形适应能力。灭火机器人变速箱如图 2 所示。

图 2　灭火机器人变速箱

2. 研究高效灭火技术

开发降温防复燃灭火液，将燃烧物脱水催化为类石墨炭层，燃点高达 400℃以上，有效防止复燃，耗水减少 90%。灭火剂灭火原理如图 3 所示。

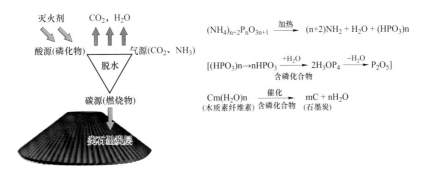

图 3　灭火剂灭火原理

3. 开发智能灭火系统

采用红外探头自动搜寻火点，发明三个具有"升降、回转、仰俯"自由度灭火喷头，输出压力达 5MPa、喷射距离达 20m，避免了机器人需深入高温恶劣环境中防护的难题。三个自由度灭火喷头如图 4 所示。

4. 开发可视化远距离遥控系统

提出红外热传感器与摄像头组合火点自动识

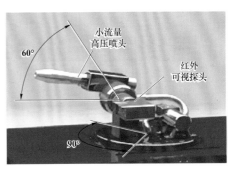

图 4　三个自由度灭火喷头

别技术，如图 5 所示。发明火场环境探测控制器，如图 6 所示。解决了灭火过程中的人机交互难题。

图 5　火点自动识别系统　　　　图 6　火场环境探测控制器

基于上述技术，率先研制出高效智能输电线路山火灭火机器人。如图 7 所示。

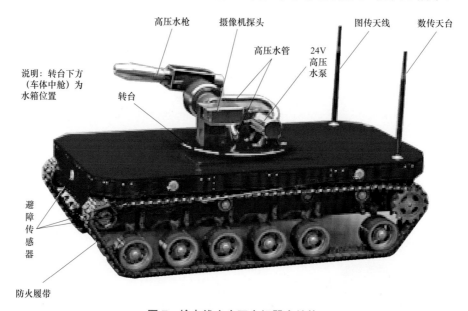

图 7　输电线山火灭火机器人结构

三、创新点

1. 发明输电线路山火灭火机器人设计方法，开发机械变速箱大扭矩技术

提高灭火机器人载重能力和越障能力，机器人载重达 50kg，实现了在丘陵、山地等地形的稳定行驶；采用电控双流转向传动技术，降低行驶能量消耗，续航时间提高至 4h，解决了输电线路多火点全覆盖的难题。

2. 发明"降温、阻隔、防复燃"三合一小流量高效灭火剂

实现三合一小流量灭火，有效解决山火现场水源匮乏问题。结合基于反馈式的水与灭火剂混合装置，实现最大灭火效益。

3. 发明具"升降、回转、仰俯"三个自由度灭火喷头

水平方向可旋转 90°，垂直方向可旋转 60°；输出压力达 5MPa，喷射距离达 20m，避免近距离灭火，避免了灭火机器人深入高温环境中防护难题。

4. 提出红外热传感器与摄像头组合火点自动识别技术

该技术可获得火场特征参数分布，提出了具有局部自主感知的人机交互操作方法，研制了满足现场灭火防护要求的火场环境探测控制器，实时掌握现场复杂环境，有效分析优化灭火策略，解决了在火场环境中执行灭火任务的人机交互难题。

四、项目成效

1. 安全效益

灭火机器人自动化程度高，可由单人实施灭火。已在湖南电网获得应用，成功扑灭多起人员难以到达的输电线路山火，保障了电网的安全运行。

2. 技术效益

该项目获授权发明专利 7 项，国际专利 1 项。成果填补了输电线路山火智能化、自主化灭火装备的空缺，为输电线路山火现场处置新增安全有效灭火装备。

五、项目参与人

国网湖南省电力有限公司防灾减灾中心：吴传平、潘碧宸、刘毓、罗晶、谭艳军、周秀冬、朱思国、朱远、何立夫、孙易成、毛新果。

案例二

PMS 设备管理深化应用研究

一、研究目的

设备（资产）运维精益管理系统（简称 PMS2.0）是电网生产工作中重要的信息管理系统，通过推广应用大幅提升了电网运检管理水平。PMS2.0 中设备台账数据是各大应用系统的基础。在多年的应用过程中，PMS2.0 设备台账数据准确率不高，一直是困扰系统实用化应用的难题。国家电网公司对 PMS2.0 设备台账准确率有严格指标考核要求，每月各单位都需组织大量人力开展数据清查整改。由于基层班组人员水平参差不齐、设备台账参数不完整、系统数据量大等原因，目前设备台账的数据准确性问题依然困扰基层，如何提高准确性成为生产管理人员信息实用化应用中的一大重要课题。

为了深化系统应用，通过研究人工分析数据模式，用计算机智能软件分析，替代人工数据筛查模式，可以大幅减少人工工作量，提高工作效率和设备台账准确率，全面提升 PMS2.0 系统的实用化水平。

二、研究成果

1. 项目研究的具体内容

根据人工逻辑分析原理，结合设备台账参数数据特点，设计出计算机智能分析模型，组织专业人员建立各类型设备参数分析逻辑规则和相应的数据字典，然后通过软件实现智能分析和查错。

2. 项目研究的关键点和难点

项目研究的关键点是智能分析模型的建立，难点是逻辑规则库和数据字典的完善。

（1）设备台账数据智能分析模型

设备台账数据分析模型主要流程是：通过 PMS 导出设备台账 Excel 数据，软件自动根据设备类型对应逻辑规则逐条数据循环分析，筛查问题数据，筛查完后过滤掉不符合逻辑的特殊数据，即生成分析报告及问题数据清单，以指导运维人员对台账数据进行正确维护。设备台账数据智能分析模型如图 1 所示。

（2）逻辑规则库和数据字典

根据智能分析模型，计算机程序对设备台账数据的分析主要依据设备参数之间逻辑规

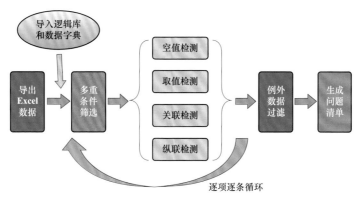

图 1 设备台账数据智能分析模型

则以及数据的取值范围，所以逻辑规则库和数据字典需要熟悉设备的专业人员对设备参数进行全面分析编制完成。

设备台账分析逻辑库示例如图 2 所示、设备台账参数数据字典示例如图 3 所示。

分析逻辑库										
逻辑编号	设备类型	分析参数字段	错误原因	分析类型	关联字段	比较符	分析值	筛选条件1-字段	筛选条件1-条件符	筛选条件1-值
102001	断路器	设备名称	含不规范字符，如：I，kV，kV，kV，空格，全角#等	取值检测		包含	序列100002			
102002	断路器	运行编号	含不规范字符，如：I，kV，kV，kV，空格，全角#等	取值检测		包含	序列100002			
102003	断路器	所属市局	字段不能为空	空值检测						
102004	断路器	运行单位	字段不能为空	空值检测						
102005	断路器	变电站	字段不能为空	空值检测						
102006	断路器	资产性质	字段不能为空	空值检测						
102007	断路器	资产单位	与资产性质相匹配	关联检测	资产性质	◇	序列100001			
102008	断路器	电压等级	字段不能为空	空值检测						
102009	断路器	间隔单元	含不规范字符，如：I，kV，kV，kV，空格，全角#等	取值检测		包含	序列100002			
102010	断路器	相数	字段不能为空，应选择"三相"，不需要分相建立台账	取值检测		不包含	三相			
102011	断路器	相别	字段不能为空，应选择"ABC相"，不需要分相建立台账	取值检测		不包含	ABC相			
102012	断路器	额定电压(kV)	不符合标准电压等级，或为，38等不规范字段	取值检测		不包含	设备型号100001			
102013	断路器	额定电压(kV)	35~500kV设备额定电压与设备型号不匹配	关联检测	设备型号	包含关联	序列102002			
102014	断路器	额定电压(kV)	10kV设备额定电压与设备型号不匹配	关联检测	设备型号	包含关联	序列102020	电压等级	=	交流10kV
102015	断路器	额定电流(A)	与电压等级不匹配	关联检测	电压等级	对应关联	序列102003			
102016	断路器	额定电流(A)	与设备型号内额定电流不匹配	关联检测	设备型号	包含关联	序列102004			
102017	断路器	额定频率(Hz)	应为50			◇	50			
102018	断路器	设备型号	型号需为大写字母！组合电器、开关柜内断路器需填断路器型号，不能填组合电器隔离开关、开关柜型号！型号需填写完整	取值检测		开头	序列102005			
102019	断路器	生产厂家	不规范，不能用简写	取值检测		长度<	5			
102020	断路器	出厂编号	字段不能为空	空值检测						
102021	断路器	产品代号								
102022	断路器	制造国家	生产厂家中无外国国名或厂家名称不明确，制造国家填中国	取值检测		◇	中国	生产厂家	不包含	序列100004
102023	断路器	制造国家	生产厂家与全国名与制造国家不匹配	关联检测	生产厂家	包含关联	序列100003			
102024	断路器	出厂日期	不能为空	空值检测						
102025	断路器	投运日期	投运日期大于出厂日期	关联检测	出厂日期	日期<	0	运行状态	=	在运行
102026	断路器	使用环境	型号中有II，应为户内式	取值检测		◇	户内式	制造国家	=	中国

图 2 设备台账分析逻辑库示例

3. 创新成果实现过程

（1）数据分析模型设计

为了实现用计算机软件替代人工数据筛查，该阶段的主要目标为设计智能分析模型，确定分析方法。

人工数据分析一般按照设备参数取值原则和设备参数之间的关联关系进行，其分析模型如图 4 所示。

设备台账参数数据字典

序列编号	序列名称	序	序列1	序列2	序列3
101019	主变：额定电压、电压比与电压等级对应关联值序列				
101019		0	额定电压	电压比	电压等级
101019		1	525/√3	525/√3	交流500kV
101019		2	242	242	交流220kV
101019		3	230	230	交流220kV
101019		4	220	220	交流220kV
101019		5	121	121	交流110kV
101019		6	110	110	交流110kV
101019		7	38.5	38.5	交流35kV
101019		8	35	35	交流35kV
101020	主变：额定容量与型号对应关联值序列				
101020		0	额定容量	型号	
101020		1	167	ODFPS-167000/500	
101020		2	166	ODFPS-167000/500	
101020		3	167	ODFS-167000/500	
101020		4	166	ODFS-167000/500	
101020		5	334	ODFS-334000/500	
101020		6	333	ODFS-334000/500	
101020		5	334	ODFPS-334000/500	
101020		6	333	ODFPS-334000/500	
101020		7	250	ODFPS-250000/500	
101020		8	250	ODFS-250000/500	
101020		9	250	ODFPS-250000/525	
101020		10	250	500kV单相自耦无载变压器	
101020		11	250	500kV单相自耦有载变压器	
102001	断路器：额定电压取值序列				
102001		0	额定电压		
102001		1	550		
102001		2	252		
102001		3	245		
102001		4	220		
102001		5	145		
102001		6	145		

图3 设备台账参数数据字典示例

图4 人工分析模型

参考人工数据分析的原理和方法，结合计算机软件算法特点，将参数原则和关联关系进行分析，转化成计算机程序能识别的逻辑规则，即可通过软件进行智能筛查分析。计算机软件智能分析流程如图5所示。

图5 软件智能分析模型

建立的数据分析模型和逻辑规则库模型的主要任务为设计分析逻辑库和数据字典，根据设备数据分析的类型进行分类分析，如条件筛选法，空值检测法、取值检测法、关联检测法、纵联检测法等，如图 6 所示。

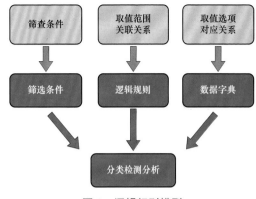

图 6　逻辑规则模型

（2）软件开发

考虑到数据分析以 PMS 系统导出的 Excel 数据表为对象，软件采用 VBA 开发环境，VBA 语言开发具有以下几个优点：

1）VBA 对 Excel 表格操作效率高，速度快，并且具有对 Excel 表格的专有控制语句。

2）VBA 语言对数据的计算分析能力强，利于逻辑计算类软件的开发。

3）程序开发简单，作为专业应用自定义软件开发，易于上手，并且也易于后期维护。

（3）逻辑规则库的编辑及测试

逻辑规则库是本项目的技术关键点，也是能否完成应用效果的核心。建立逻辑库首先要有明确的数据规范作为依据。

组织设备专业人员对 26 类变电设备的分析逻辑进行编写，编写的同时开展同步逻辑验证，经过多次修改测试，形成较为完善的设备台账数据逻辑知识库。

（4）应用评测

通过软件开发的完成与逻辑库的编辑完善，应用该软件对全省 PMS 设备进行分析，结合人工分析进行对比，对分析逻辑进一步完善，同时评估软件的应用效果。智能分析软件的界面如图 7 所示。

图 7　智能分析软件的界面

（5）分析报告和分析结果

分析报告示例如图 8 所示，分析结果清单如图 9 所示。

分析报告

已完成34项数据分析，共发现21条错误数据，耗时3秒，请根据现场资料及相关规范核实并修正，如有疑问请及时反馈！

逻辑编号	分析字段	分析项目	问题数据数量
105005	*资产性质	字段不能为空	0
105006	*资产单位	字段不能为空	6
105007	*资产单位	与资产性质相匹配	0
105008	*间隔单元	字段不能为空	0
105010	*电压等级	字段不能为空	0
105011	*电压等级	与设备名称中电压等级相符	0
105013	*型号	非电压互感器型号，请核实	0
105014	*生产厂家	不能为空或简写，请写全称	3
105018	*出厂日期	字段不能为空	0
105019	投运日期	投运日期不能小于出厂日期	0
105020	*组合设备类型	字段不能为空	0
105022	*相数	35kV及以上应单相录入（除JS开头及羊角接线外）	0
105023	*相数	型号以JS开头应为三相整体TV	0
105024	*相数	接于两相的TV（羊角接线）应填两相，目前判据为型号;	4
105025	*相数	20kV及以下母线TV一般应按三相录入填三相（非完全检	0
105026	*相数	10kV出线只有两相分别接单相TV应填两相（非完全检测	0
105027	*相数	10kV出线只有一相TV应填单相，中性点TV应填单相（非	0
105028	*相别	字段不能为空	0
105029	*相别	与相数不相匹配	1
105030	*相别	中性点应为O相	0
105031	*额定电压	字段不能为空	0
105032	*额定电压	接于两相的TV（羊角接线）一般应填相电压（加/√3）（	0
105033	*额定电压	接于两相的TV（羊角接线）应填线电压，目前判据为型-	0
105034	*结构型式	型号中以J,R,S,V,GB,BH开头，应选电磁式	0
105035	*结构型式	型号中以T,W,U,Y,C开头，应选电容式	0
105036	*外绝缘型式	字段不能为空	0
105037	*外绝缘型式	组合电器内TV为环氧树脂	0
105038	*外绝缘型式	油浸式TV应是瓷质	0
105039	*绝缘介质	电容式TV,应为油浸	0
105040	*绝缘介质	型号第3位J为油浸，Z为干式，Q为SF6	3
105043	*额定电压比	二次比值数应与二次绕组数量相同，一次比值应与额定E	4
105044	*二次绕组总数量(个)	取值范围为1-4	0
105045	*爬电比距(mm/kV)	组合电器类设备应填0	0
105046	*爬电比距(mm/kV)	非组合电器类设备应大于0或小于35	0

图 8　分析报告示例

分析结果清单

逻辑编号	数据行	所属地市	所属电站	设备名称	分析字段	错误原因	分析字段值	关联字段值	筛选字段值
105006	548	国网湖南检修公司	民丰变电站	624B相电压互感器	*资产单位	字段不能为空			
105006	549	国网湖南检修公司	民丰变电站	624C相电压互感器	*资产单位	字段不能为空			
105006	550	国网湖南检修公司	民丰变电站	624A相电压互感器	*资产单位	字段不能为空			
105006	690	国网湖南检修公司	鹅城换流站	=WA-ZYB-T11B相电压互感	*资产单位	字段不能为空			
105006	693	国网湖南检修公司	鹅城换流站	=WA-ZYB-T11A相电压互感	*资产单位	字段不能为空			
105006	695	国网湖南检修公司	鹅城换流站	=WA-ZYB-T11C相电压互感	*资产单位	字段不能为空			
105014	690	国网湖南检修公司	鹅城换流站	=WA-ZYB-T11B相电压互感	*生产厂家	不能为空或简写，请写全称			
105014	693	国网湖南检修公司	鹅城换流站	=WA-ZYB-T11A相电压互感	*生产厂家	不能为空或简写，请写全称			
105014	695	国网湖南检修公司	鹅城换流站	=WA-ZYB-T11C相电压互感	*生产厂家	不能为空或简写，请写全称			
105024	369	国网湖南检修公司	复兴变电站	4X04A相电压互感器	*相数	接于两相的TV（羊角接线）应填两相，目前判据	单相		*型号：JDN7-35W;
105024	370	国网湖南检修公司	复兴变电站	4X04C相电压互感器	*相数	接于两相的TV（羊角接线）应填两相，目前判据	单相		*型号：JDJ2-35;
105024	622	国网湖南检修公司	沙坪变电站	4X34A相电压互感器	*相数	接于两相的TV（羊角接线）应填两相，目前判据	单相		*型号：JDJ2-35;
105024	656	国网湖南检修公司	沙坪变电站	4X34C相电压互感器	*相数	接于两相的TV（羊角接线）应填两相，目前判据	单相		*型号：JDJ2-35;
105029	369	国网湖南检修公司	复兴变电站	4X04A相电压互感器	*相别	与相数不相匹配	AB	*相数：单相	*相别：AB;
105040	670	国网湖南检修公司	鹅城换流站	103电压互感器	*绝缘介质	型号第3位J为油浸，Z为干式，Q为SF6	干式	*型号：GBEA12/0	
105040	673	国网湖南检修公司	鹅城换流站	102电压互感器	*绝缘介质	型号第3位J为油浸，Z为干式，Q为SF6	干式	*型号：GBEA12/0	
105040	699	国网湖南检修公司	鹅城换流站	101电压互感器	*绝缘介质	型号第3位J为油浸，Z为干式，Q为SF6	干式	*型号：GBEA12/0	
105043	670	国网湖南检修公司	鹅城换流站	103电压互感器	*额定电压比	二次比值数应与二次绕组数量相同，一次比值应与	10/√3/0.1/√3/0.1/3	*二次绕组总数量(个)：2；*额定电压(kV)：10	
105043	673	国网湖南检修公司	鹅城换流站	102电压互感器	*额定电压比	二次比值数应与二次绕组数量相同，一次比值应与	10/√3/0.1/√3/0.1/3	*二次绕组总数量(个)：2；*额定电压(kV)：10	
105043	691	国网湖南检修公司	鹅城换流站	06LM-T11电压互感器	*额定电压比	二次比值数应与二次绕组数量相同，一次比值应与	10/√3/0.1/√3/0.1/√3/0.1/	*二次绕组总数量(个)：3；*额定电压(kV)：10	
105043	699	国网湖南检修公司	鹅城换流站	101电压互感器	*额定电压比	二次比值数应与二次绕组数量相同，一次比值应与	10/√3/0.1/√3/0.1/3	*二次绕组总数量(个)：2；*额定电压(kV)：10	

图 9　分析结果清单

三、创新点

1. 创建设备台账的智能分析模型

将人工分析模式与计算机软件结合，建立了软件分析设备台账参数的分析模型，以实现由软件对设备台账的自动筛查。

2. 编制变电设备参数逻辑规则库

将人工分析规则结合数字逻辑算法，形成了 26 类变电设备一共 1500 多项参数逻辑规则库。

3. 编制设备参数的数据字典

根据各类设备参数规范及选项、参数对应关系编辑了知识手册，并形成数据字典，使设备参数数字规范化。

4. 自主研发智能分析工具软件

根据分析模型和逻辑规则、数据字典开发了基于 VBA 的分析软件，实现设备台账智能分析及快速查错。

四、项目成效

通过创新成果的应用带来了良好的企业效益和经济效益。

1. 企业效益

本项目从 2014 年实施后，在湖南公司下属各二级单位全面推广应用，取得了良好的应用，显著提高了设备台账数据准确率和规范性。

（1）设备台账数据分析效率大大提高，如图 10 所示。

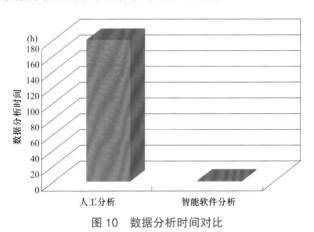

图 10 数据分析时间对比

通过测试对比，分析 1000 条记录的台账数据，执行 80 项逻辑检测：用智能软件分析只需 1 分钟左右，而人工全面分析至少需 3h 以上，分析效率显著提升。

（2）设备台账数据分析质量规范可靠

人工分析与智能分析的数据分析质量对比如下：

人工分析：容易遗漏，不同人筛查标准不统一、技术水平也不一，分析质量难以保证。

智能分析：严格按规范标准和规则库执行，逻辑规则严谨、筛查准确、不会出现遗漏，便于复查。

2. 经济效益

通过一次性研发，可节省后期因数据分析需要的大量人力物力。前期项目研发费用主要为软件开发设计、逻辑库编制等人工费用。在后期使用中只需对逻辑库进行相应完善，其人力成本很低，从而大大提高企业人力资源经济效益。

3. 推广应用价值

（1）该项目研发的智能分析模式具有通用性，可广泛应用于国家电网公司各生产单位和班组，有效解决基层班组数据录入准确率的难题，提高国家电网公司设备（资产）运维精益管理系统实用化应用水平。

（2）通过对逻辑库进一步扩展，可将软件分析模式推广应用到输、配电设备台账分析以及其他类似有关联关系的信息系统数据分析领域。

五、项目参与人

国网湖南省电力有限公司检修公司：雷红才、黎刚、鲁桥林、孙威、曹雅怀、李国栋、王启盛、郭奉仁、姚行健、龚盛、吕振梅、王风林、肖泽湘、刘可可、陈静。

案例三

配电网停电主动服务平台

一、研究目的

配电网处于电网末端，地域分布广、规模大、设备种类多、网络连接复杂多样。尤其是湖南省经济发展水平不高，配电网基础薄弱，同时大量负荷分布在偏远农村、山区，配电网的不可视性使得运维巡视难度大，巡视周期长，难以及时发现并处理设备缺陷隐患，造成缺陷隐患发展的故障概率增加。此外，由于配电网信息化和智能化水平不高，在发生故障时，抢修队伍查找定位故障时间过长、准确性不高，直接影响配电网的供电可靠性和优质服务水平。

二、研究成果

随着近年来物联网、通信技术的快速发展，湖南公司通过融合配电自动化系统（省级配电自动化管理信息大区）和用电信息采集系统，获取配电网中压、低压运行信息数据，同时结合目前快速覆盖的故障指示器，获取配电线路电流数据、波形及故障定位信息，研发配电网停电主动服务平台，平台由"智能感知"—"数据分析"—"智能决策"层级架构构成，实现对配电网运行状态监视、运行风险预警、故障快速定位、停电主动服务的全过程优质服务管理。配电网停电主动服务平台架构如图 1 所示。

1. 智能感知层

智能感知层为获取配电网相关数据，奠定数据融合及应用构建的基础。智能感知层通过融合配电自动化系统、用电信息采集系统等配电网中低压运行信息，获取中低压运行实时类数据。同时打通与 OMS、PMS 等系统接口，获取计划停电、设备台账、网络拓扑等业务管理类数据。智能感知层数据通过数据推送、数据总线、数据抽取等方式接入数据融合层。

2. 数据融合层

数据融合层包含数据中心和图模中心。在智能感知层基础上，将电压电流数据、故障指示器录波波形以及计划停电信息进行信息整合、数据筛查校验，建立数据中心，实现对配电网运行状态的实时管控。同时将全省配电网网络拓扑、配电线路单线图以及地理沿布图等构建图模中心，为故障研判和抢修指挥提供支撑。

3. 智能决策层

智能决策层为平台停电主动服务功能的构建及应用。在数据融合和数据分析的基础上，

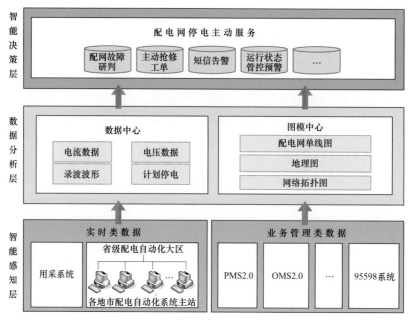

图 1 配电网停电主动服务平台架构

开展配电网运行状态管控预警、故障研判、主动抢修等工作。智能决策层实现了配电网重过载、三相不平衡、低电压等运行状态的全景监控，自动分析计算配电网设备的风险预警等级，指导运维队伍针对性地开展运维、巡视、消缺，有效减轻运维巡视工作量。结合配电网运行信息、故障录波波形、停电计划、网络拓扑等，实现对配电网中低压故障的综合研判，并将研判结果通过短信等方式自动推送给抢修队伍和台区经理，抢修队伍接到故障定位短信、确认故障信息后，可迅速赶往故障点开展快速抢修。同时，台区经理通过平台将故障信息及抢修情况以短信方式一键发送至各个受影响用户，安抚用户情绪，减少用户报修及投诉，有效提升了客户满意度。

配电网主动抢修工单如图 2 所示，三相不平衡预警如图 3 所示，配电线路及台区重过载预警如图 4 所示。

图 2 配电网主动抢修工单

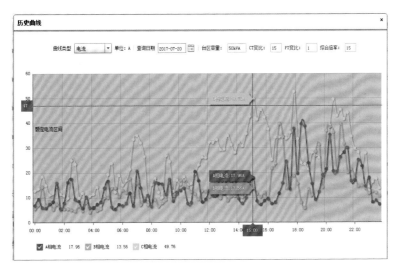

图3　三相不平衡预警

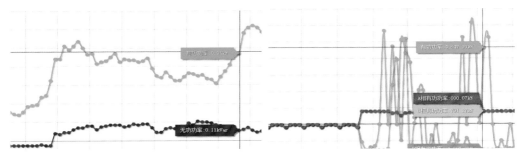

图4　配电线路及台区重过载预警

三、创新点

配电网停电主动服务平台构建了湖南公司配电网隐患缺陷及时发现治理、故障准确快速定位、抢修主动迅速、服务主动优质的全过程优质服务解决方案，在服务方式、管理模式及技术先进性上均有创新。

1. 建立诊断专家知识库，实现单相接地判别

基于故障指示器录波波形建立配电网单相接地诊断知识库，实现对配电网单相接地故障的选线及判别。

2. 建立配网故障研判模型，实现故障准确定位

基于GIS拓扑关系、停电计划、故障报修等基本数据，结合配变、低压户表电气量召测，开展聚合对象和数据关联性梳理，建立配电网智能故障研判模型，实现配电网故障的有效研判，并可判断故障影响台区、用户。

平台自动判断故障设备、影响范围如图5所示。

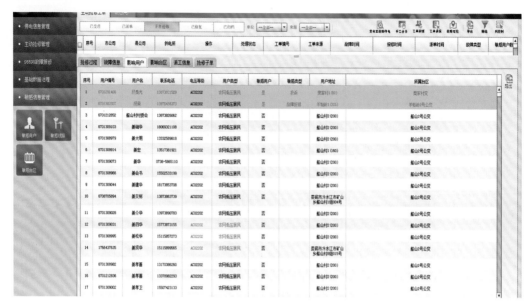

图 5　平台自动判断故障设备、影响范围

3. 建立停电主动服务机制，提高优质服务水平

建立了以客户舒适用电体验为导向的配电网停电主动服务机制，通过平台准确研判配电网故障，以短信等方式发送给抢修班组和台区经理。抢修班组根据故障研判结果快速定位故障点开展主动抢修，台区经理通过平台将停电信息和抢修信息发送给受影响用户，主动告知用户，安抚用户情绪，降低报修及投诉话务量，如图 6 所示。

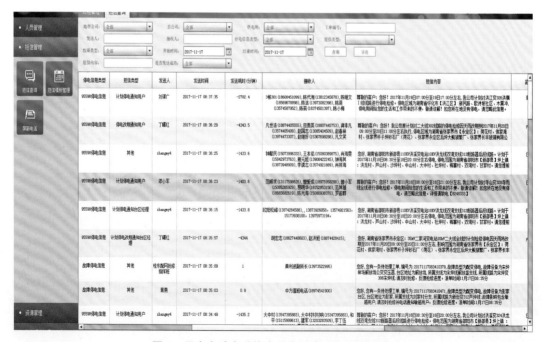

图 6　平台自动发送停电信息至台区经理及用户

四、项目成效

配电网停电主动服务平台为湖南公司根据配电网实际情况和需求自主开发的智能运检支撑装备，解决了抢修一线班组、客户经理对于运维巡视、故障抢修及优质服务的焦点、难点问题。

平台实现了配电网中低压运维状态的全景监控、故障时间的综合研判、客户沟通的良性机制，构建了以客户舒适用电体验为导向的配电网停电主动服务模式。平台自应用以来，共发布配电网主动预警、故障告警短信 28 万余条。通过对配电网海量数据的综合研判，实现了配网中低压故障快速定位。2017 年上半年湖南公司"故障报修平均抵达现场时间"同比下降 33.6%，"平均抢修总时间"同比下降 12.8%。通过平台支撑开展主动抢修，2017 年上半年 95598 故障报修工单同比下降 28.19%，有效减轻了一线班组的运维、抢修工作量，优质服务局面得到显著改善。

配电网停电主动服务平台实现了湖南公司配电网数据驱动运检业务的创新发展和效率提升，推动"以客户服务为导向"及"以提升配电网运营效率效益"的供电服务工作方式和生产管理模式的革新。

五、项目参与人

国网湖南省电力有限公司电力科学研究院：龚汉阳、唐海国、朱吉然、张志丹、冷华、张帝、刘海峰。

案例四

架空输电线路带电更换防振锤机器人研制

一、研究目的

带电作业是保障输电线路安全稳定运行的重要技术手段。国家电网公司《"十三五"智能运检规划》中明确提出实现检修装备智能化。防振锤因风力、锈蚀等原因会出现滑移、松动或损坏，更换防振锤是输电带电作业主要作业项目之一，而人工更换防振锤存在安全风险高、劳动强度大等问题，特别是对于大档距中央滑移的防振锤等作业距离难以满足规程要求安全距离的情况，作业人员无法人工完成防振锤的更换。因此，亟须研制一款可带电更换防震锤的机器人用以解决这一难题。

二、研究成果

针对以上难题，项目组研发了架空输电线路带电更换防振锤机器人，该机器人整机外形如图1所示。

1. 设计了具有越障功能和双作业机械手的机器人构型

基于防振锤更换作业规划方式（见图2），确定了防振锤机构构型（见图3、图4），提出了人–机融合更换防振锤的解决方案及其作业方法，开发了用于防振锤安装与拆卸的末端工具，解决了复杂结构及其约束条件下的防振锤与导线连接/分离技术及其复合功能结构问题。

图1 架空输电线路带电更换防振锤机器人

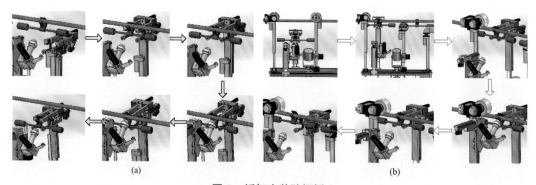

图2 拆卸安装防振锤

（a）拆卸旧防振锤；（b）安装新防振锤

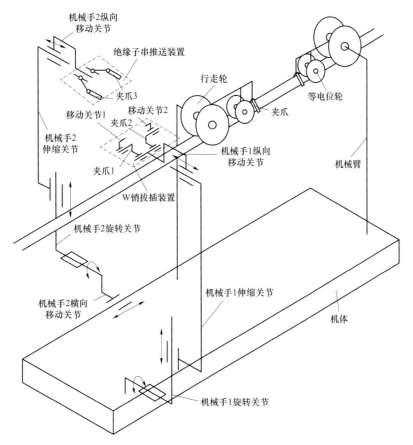

图 3　防振锤更换机构原理图

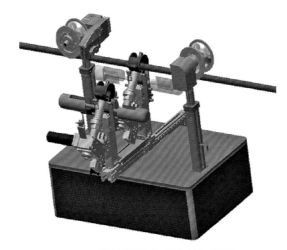

图 4　防振锤更换机器人整体构型

2. 实现了机器人多环境适应和关节运动稳定控制

提出了一种易于扩展、通用性强的多臂、多动作机器人关节运动模型构建及其 H∞控制方法（见图 5、图 6），并验证了所设计的作业臂 H∞轨迹跟踪运动控制器的有效性，增强了不同类型机器人关节运动的鲁棒性及其对于实际作业环境的自适应能力。

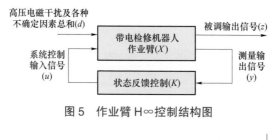

图5 作业臂H∞控制结构图

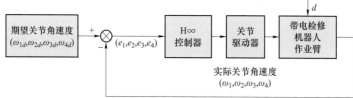

图6 作业臂H∞跟踪控制原理图

3. 开发了机器人测控硬件平台和软件控制系统

设计了电机驱动系统（见图7）、高清视频采集与无线传输系统（见图8）、远程地面站控制系统（见图9），开发了人–机交互平台（见图10），通过对本体测控硬件平台和地面基站控制平台的集成设计以及机器人本体运动控制系统和基站运动交互控制系统的设计，实现了机器人的自主控制。研制的带电更换防振锤机器人性能指标见表1。

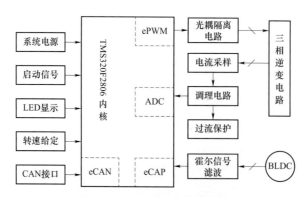

图7 电机驱动电路总体方案

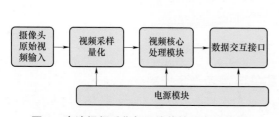

图8 高清视频采集与无线传输平台结构图

图9 通信系统

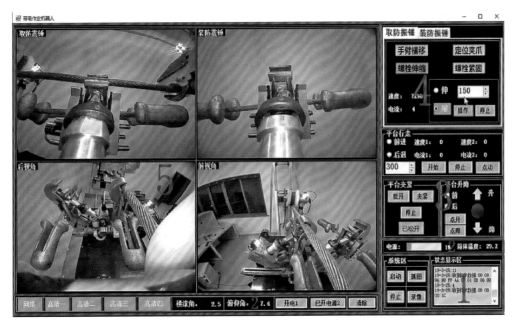

图 10　人-机交互平台

表 1　　　　　　　　　　　　带电更换防振锤机器人主要性能指标

技术指标	参数值	技术指标	参数值
重量	50kg	工作时间	5～8h
本体外形尺寸	800mm×250mm×550mm	通信距离	约 2km
紧固机构最大扭矩	60N·m	图像分辨率	628×82
外界环境温度	−10℃～50℃	适用线路	110kV/220kV 线路
视频监控	可见光	导线型号	LGJ240～LGJ400

三、创新点

1. 创新设计了具有越障功能和双作业机械手的机器人构型

基于防振锤更换作业规划方式，确定防振锤机构构型，设计反对称布置行走轮、夹持机构、防振锤更换末端，研制出能够搭载双作业机械手及具有越障功能的移动机器人机构平台，实现了机器人越障臂与作业臂的无碰避障及多臂协调控制，确保机器人能安全、准确到达指定作业点，实现一次作业完成防振锤的拆卸与安装。

2. 创新提出了机器人多环境适应和关节运动稳定控制算法

针对在内外扰动及不确定性复杂结构化作业环境下，机器人作业臂运动难以稳定控制的问题，基于机器人的分层控制体系架构，建立了一种易于扩展、通用性强的多臂多动作机器人关节运动控制通用模型，提出了一种基于 H∞控制理论的机器人作业机械手鲁棒运动方法，并通过仿真实验验证了所设计的作业臂 H∞轨迹跟踪运动控制器的有效性，增强了不同类型机器人关节运动的鲁棒性及其对于实际作业环境的自适应能力。

3. 创新开发了机器人测控硬件平台和软件控制系统

设计了电机驱动系统、高清视频采集与无线传输系统、远程地面站控制系统，开发了人–机交互平台。通过对本体测控硬件平台和地面基站控制平台的集成设计以及机器人本体运动控制系统和基站运动交互控制系统的设计，实现了机器人的自主控制。

四、项目成效

1. 经济效益

项目成果已在长沙、益阳等地进行了推广应用，累计开展输电带电作业 25 次，多供电量 0.09 亿 kWh，节支 6525 万元，已经取得了显著的经济效益。

2. 安全效益

项目的成功实施，改变了带电更换架空输电线路防振锤作业长期依赖人工的现状，将人从危险恶劣作业环境和繁重作业任务中解放出来，消除了人工更换防震锤存在的安全隐患。

3. 技术效益

项目获授权专利 5 项，其中授权发明专利 3 项，获授权软件著作权 3 项，发表论文 5 篇，起草行业标准 1 项。

五、项目参与人

国网湖南省电力公司检修公司：向云、邹德华、汪志刚、严宇、夏增明、李金亮、张树、刘治国、易子琦、欧跃雄、罗昊。

案例五

变电设备全方位巡检机器人

一、研究目的

目前，地面移动机器人是国内变电站巡检机器人的常用种类，地面移动机器人可获取变电设备可见光图像和红外热像等设备状态数据。但是，地面移动机器人只能在地面沿固定的路径移动，存在监测死区，尤其对于位置高的变电设备或设备部件，如变压器顶部的部件、线路绝缘子、避雷针等，受制于视角、距离和障碍物等复杂环境条件因素的影响，往往不能全面、准确地监测其状态，导致一些设备异常和隐患不能及时发现，危及变电站内设备安全，带来电网重大损失隐患。

因此，亟须研发一种可以全方位、无死区地监测设备状态的变电站巡视机器人，自动实现全方位的变电设备监测，保障变电站内设备安全，进而提高电网运行可靠性。

二、研究成果

本项目研制了一种具有爬杆功能的变电设备巡检机器人，主要成果如下：

1. 实物成果

本项目研制了一种具有爬杆功能的变电设备巡检机器人（见图1），投入变电站现场运行，能全方位、无死角地监测变电站内设备的运行状态。

（1）巡检机器人整体结构设计

该机器人由移动机器人母体、爬杆子体及视觉处理系统、远程监控系统等组成，各部分之间通过以太网和光纤局域网进行信息交换。将机器人运动控制技术、导航定位技术、视频检测技术、图像处理技术和无线通信技术相结合，实现变电设备运行状态的远程在线智能监测。

图1 变电设备全方位巡检机器人

（2）基于标志线视觉识别的巡检机器人导航定位方法

发明了基于标志线视觉识别的巡检机器人导航定位方法（见图2），能够在全天候环境下精准实现机器人的导航定位，与埋设磁轨、安装局部定位系统的方法相比，具有实施简便、巡检效率高、成本低的优点。

图 2　巡检机器人导航定位方法

（3）具有爬杆功能的机器人子体

研制了具有爬杆功能的机器人子体（见图 3），能实现上杆、下杆和绕杆旋转三种运动功能，以保证机器人所携带的摄像头能监测位置高的变电设备或设备部件。爬杆机构抱杆手臂与杆柱之间的摩擦力控制是关键，机器人的运动方式和速度不同，对摩擦力的要求也不同。采用模糊控制原理，通过调节爬杆装置抱杆手臂与杆柱之间的摩擦力，实现了爬杆装置沿杆柱稳定上行、下行以及绕杆旋转。

图 3　爬杆机器人子体

2. 论文及知识产权

本项目申请了发明专利 6 项，其中已授权发明专利 3 项，已授权实用新型专利 1 项（见图 4）。发表了相关论文 5 篇，其中 EI 检索论文 3 篇。

图 4　发明专利和实用新型专利证书

三、创新点

1. 设计了一种携带爬杆装置的变电站巡检机器人综合构型及其控制方法

实现了巡检机器人上杆、下杆、绕杆旋转、沿地面移动的精确运动控制，可全方位、无死区地实时监测电气设备的状态，发现设备异常和隐患。

2. 发明了基于标示线的视觉导航定位方法以及复杂环境下的图像处理算法

通过预先设置的导航标示线与定位标志，巡检机器人的机器视觉系统可以自动识别巡检路径和停靠位置。该方法能够适应绝大部分光照强度和复杂天气的环境（阴影遮挡情况下的处理结果见图5)，并具有较好的实时性和可靠性，实现了巡检机器人全天候条件下的精准导航与定位。

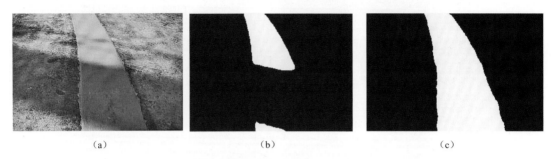

图5　阴影遮挡的引导线处理图像

（a）阴影原图；（b）常规处理方法；（c）复杂环境处理方法

3. 创新提出了基于 SD-MSR 对比度增强的红外与高清图像融合方法

该方法（图像融合方法计算实例见图6）弥补了传统方法在兼顾阴影部分和高亮区域存在的问题，提高了巡检机器人在复杂天气环境下对变电设备异常和隐患的识别能力。

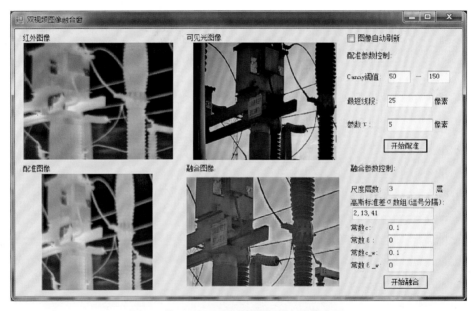

图6　基于 SD-MSR 的图像融合计算实例

四、项目成效

1. 现场应用

变电设备全方位巡检机器人于2016年在500kV云田变电站投入应用（巡检机器人远程监控界面见图7、图8）。该项目的应用解决了在地面对部分设备检测存在困难，部分设备缺陷难以得到发现的问题，减少了设备安全事故。

图7 巡检机器人远程监控界面（1）

图8 巡检机器人远程监控界面（2）

2. 应用前景

与地面巡检机器人甚至人相比，该机器人还具有爬杆功能，能实现全方位、无死区、更精准的设备巡检，它的普遍应用可以全面提高变电站巡视质量，预计将替代并淘汰现有的地面巡检机器人，项目成果具有广阔的推广前景。

五、项目参与人

国网湖南省电力有限公司检修公司：余帅、梁勇超、罗志平、刘卫东、雷红才、刘秋平、肖勇、董卓、刘逸松、樊绍胜、刘春艳。

案例六

配网公用变压器电压智能分析及辅助决策的研究与应用

一、研究目的

配电变压器是高压电网与低压用户电压转换的枢纽，其出口电压直接反映用户电压质量。但是，配网公变电压受上级变电站 10kV 母线电压、10kV 线路供电半径、配变挡位、配变负荷等多种因素影响，且用于配变电压分析的基础数据收集量大，在实际工作中，难以准确地分析电压问题产生的原因。因此，亟须深化配网公变电压系统性分析和治理，进一步提升电压质量。

二、研究成果

本项目建立了配网公变电压多维度分析流程，依托大数据分析，搭建了电压专家模型，实现对配网公变电压的智能分析与辅助决策，为推动更精准地实施电压立项和治理提供可靠依据。主要有以下三个方面的研究成果：

1. 提出一种配变电压系统性分析方案

研究配网公变电压分析和治理的典型工作流程，提炼典型经验做法，形成一套完善的分析治理工作体系。对配网台区电压问题，从源头分析电压异常的原因、制定治理措施。首先，收集配变等基础台账信息；其次，依托 PMS2.0 系统、用电采集系统等平台采集电压数据；再次，结合软件分析和人工分析，对配网公变电压问题进行系统性分析和决策；最后，依据决策建议进行综合治理。

2. 搭建配网公变电压智能分析与辅助决策模型

（1）研究了 A、D 类电压联动管控算法。实现某区域内台区电压的分布统计，可直观分析母线电压与台区电压的分布规律，用于指导主变调挡、电容器投切等工作。

（2）研究了储备项目管理算法。充分运用电压智能分析及决策结果，实现低电压、过电压、电压波动、综合电压问题严重程度自动排序，用于指导配变电压问题储备立项，拓宽配网立项手段，充实储备立项的依据。

（3）建立了专家分析模型。以配变为分析中心，从主变压器开始至末端台区，对影响台区电压的各个因素进行分析，提炼异常电压分析典型逻辑；从主变压器档位开始至台区末端，对影响台区电压的各个环节进行分析，包括 10kV 母线电压、线路供电半径、配变运行情况、低压供电半径、负载等情况分析，综合分析配变电压问题原因并生成治理措施。建立低电压、过电压、电压波动问题专家分析模型，形成专家分析逻辑库。如表 1 所示。

表 1　　　　　　　　　　　　　　配网公变电压典型原因归类

大 类 原 因	小 类 原 因
变电站 10kV 母线影响	变电站 10kV 母线电压越限运行
	负荷波动大，AVC 系统调节不及时
配电线路影响	10（20/6）kV 线路供电半径过长导致末端电压越下限，未保证末端电压
配电台区原因	配变挡位选择不合理
	低压供电半径过长或线径过细，未保证末端电压
	负荷波动导致电压越限
	配变三相负荷不平衡
采集装置或系统原因	采集装置或系统原因
小水电上网引起电压越限	小水电上网引起电压越限

3. 开发智能分析与辅助决策工具

配网公变电压智能大数据分析和辅助决策工具基本框架如图 1 所示，主要包括台账参数、配网大数据采集和数据分析中心三个模块。

台账参数模块，其功能主要是采集所属单位、上级电网属性和配变台区属性等基础参数，形成配变基础台账。配网大数据采集模块，其功能主要是离线采集调度 EMS 系统、用电采集系统、PMS2.0 配网运维检修模块及配变运行挡位等运维信息。数据分析中心，其功能主要是实现对配变电压的智能分析、辅助决策、储备项目管理、查询统计及报表生成。

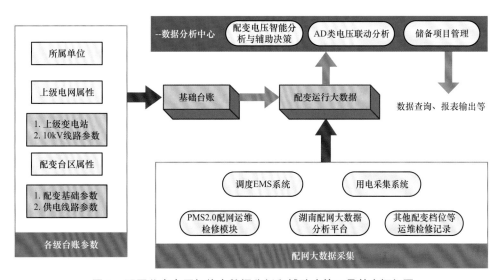

图 1　配网公变电压智能大数据分析和辅助决策工具基本框架图

配网公变电压智能分析与辅助决策工具共有五个功能，分别为台账管理、电压数据管理、智能分析与辅助决策、AD 类电压联动分析、储备项目管理。界面如图 2 所示。各个功能介绍如下：

（1）台账管理：实现配变基础台账的新增、修改、删除、批量导入和导出功能。

（2）电压数据管理：实现电压数据采集和批量导入功能。

（3）配网电压智能分析与辅助决策：自动调用录入的配变台账和采集电压信息，按照分析逻辑，生成大类原因、小类原因和治理措施，可实现数据批量分析。

（4）A、D 类电压联动分析：分析某片区的 A 类电压与 D 类电压关联与统计分析情况。

（5）储备项目管理：对电压问题进行优选排序，为项目管理提供依据。

图 2　分析工具主界面

三、创新点

1. 多维度分析，促进配变电压从个例分析向系统分析转变

对配变基础台账和配变运行大数据的收集，建立了多维度分析流程，从 10kV 母线电压、配电变压器、负载性质等多个维度对配变电压问题进行综合分析，解决了传统的配变电压分析在配电网架构及影响配电网的各方面做系统分析方面存在的缺点；提炼了典型分析逻辑，依据过电压、低电压、电压波动问题等原因，建立专家分析模型，使电压分析更具系统性。

2. 大数据挖掘，实现配变电压从常规分析向大数据分析转变

改变以往人工分析配变电压问题的模式，将人工分析的逻辑提炼并固化成逻辑语言，并通过软件程序实现智能分析与决策，显著提升分析的规范性和效率；深度挖掘 PMS2.0、

用采系统等各生产管理系统中 10kV 母线电压、配变电压、负荷变化等与配变有关的运行数据以及配变挡位、配变容量等配变运维信息，提升运检数据应用实效。

3. 智能化决策，推进配变电压分析向配变电压治理转变

智能分析算法研究核心难点在于智能分析逻辑的合理性和准确性，需深入研究配网公变电压问题产生的原因和机理，收集配网运行大数据，对大量异常电压数据进行测试验证，建立分析逻辑，形成专家模型。本项目制定了典型分析逻辑，从多个维度对电压问题产生的原因进行分析，并制定辅助决策，具有较强的可推广性，对深入推进配变电压分析治理具有重要意义。

四、项目成效

1. 可推广性强

适用于无功电压专业及配网专业管理、技术人员，可推广至各级管理及供电所，对于基数庞大的配电网问题分析、运维和治理而言，能有效提升配网公变分析、配网治理智能化和精益化管理水平。

2. 工作效率大大提升

以某公司分析异常台区电压数据约 5000 条为例，人工精准逐项分析耗时约每条 3min，则共需 250h（10.4d）。而通过智能分析功能，仅几分钟便可依托专家分析模型，批量、自动分析出问题原因和治理措施，再加上人工复核时间，约 1h 可以完成，工作效率得到了有效提升。

3. 提升治理成效和经济效益

通过智能分析与辅助决策，对电压大数据进行深度分析，从而进一步提升电压问题分析的精准度，可为立项提供更加充实的依据，并提供更可靠的指导，从而可大大提升经济效益，以配网立项 1 亿元为例，若立项准确度提升 5%，经济效益可提升 500 万元。

五、项目参与人

国网长沙供电公司：孙泽文、张斌、李鑫婧、李波、曾庆明、曾健、伍波、杨建平、王卓、陈润颖、瞿硕、章程。

案例七

水轮发电机炭刷运行状态在线监测装置开发及应用

一、研究目的

长期以来，因发电机炭刷维护和使用不当或转子集电环故障引发的炭刷环火、炭刷刷辫断裂等故障造成机组降负荷甚至停机等事件，给企业造成较大经济损失。现阶段，人工在线电流检测仍旧是发电机炭刷故障监测的主要方法，该方法需在发电机大轴上带电工作，由于发电机炭刷布置紧凑，且转子转速和温度较高，人工带电检测存在安全隐患；同时，由于励磁电流波动大，加之炭刷本身磨损程度不一，人工检测获取的数据极不稳定，读数精度较低。因此，亟须研发一套使用安全、测量准确的炭刷在线状态检测装置，以提升炭刷检测精度，降低安全风险，保证炭刷设备安全稳定运行，减少发电设备非计划停运。

二、研究成果

本项目开发了一套水轮发电机炭刷运行状态在线监测装置，主要具有以下研究成果：

1. 提取了发电机励磁系统炭刷特性及故障特征

发电机炭刷的机械参数特性、电气参数特性、物理及化学（环境）参数特性在电机励磁系统中需要着重考虑，在涉及各参数特性的特征量中，本项目主要提取了电流 I 和温度 T 两个特征量进行检测和分析。结合炭刷本身故障特征以及电流 I 和温度 T 两个特征量的表现特性，研发在线监测装置可以监测炭刷以下故障：

（1）发电机炭刷出现大量磨损和少量严重磨损。

（2）发电机炭刷刷辫断裂。

（3）发电机炭刷出现振动、移位。

（4）发电机炭刷过温。

2. 提出了一种发电机励磁系统炭刷直流电流及温度在线检测方法

（1）直流电流在线检测

项目采用闭环霍尔传感器对发电机电流进行检测。由于水轮发电机炭刷安装紧凑，且励磁电流波动较大，为保证励磁电流的准确测量，对传感器进行了改造，改造后的闭环霍尔传感器安装图如图 1 所示。

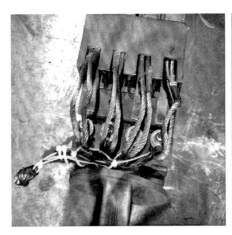

图 1　电流传感器装配图

（2）温度在线检测

该项目采用接触式测量系统对炭刷温度进行在线检测。为减少系统接线，采用了一种寄生供电模式对测量系统进行供电，应用电路如图 2 所示。

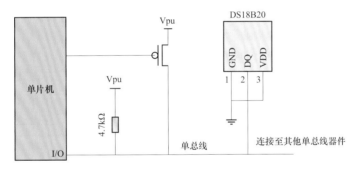

图 2　温度测量应用电路

3. 实现了发电机励磁系统炭刷故障状态识别及报警

数据采集后，本项目研发的装置可以对故障数据进行识别和处理，其处理方式主要为上位机报警输出，上位机安装于机旁屏柜处，如图 3 所示。故障数据主要分为如下两种情况：一是分别分析温度 T 或电流 I 是否为异常数据；二是结合温度 T 和电流 I 两方面情况综合比较是否为异常数据。

三、创新点

本项目主要实现了实时在线监测发电机励磁炭刷电流、温度信息，并根据检测信息分析判断炭刷状态，在人机界面输出告警信号，提醒技术

图 3　发电机炭刷在线监测装置

人员及时处理故障。创新点如下：

1. 水轮发电机炭刷电流检测

研究了可用于直流电流检测的开环及闭环霍尔传感器，并根据炭刷结构进行了对应改装，从而解决了发电机励磁电流采集的关键问题。

2. 水轮发电机炭刷温度检测

设计了一种紧凑型数字温度传感器并同电流传感器集成，具有接线少、测量准、反应快的特点，较好地解决了现场安装的多种技术要求；同时，该温度传感器具有较高的测量精度，满足了由于炭刷数量较多且处于高转速、高温运行状态，对传感器精度的高需求。

3. 水轮发电机炭刷故障识别和在线故障预报警

为了更直观的了解炭刷状态，检测数据应进行一定的运算分析后给出是否报警的信息，该项目根据发电机运行特点对检测数据进行了多项分析比较，基本解决了根据实际故障隐患进行预报警的难题。

四、项目成效

1. 企业效益

本套水轮发电机炭刷运行状态在线监测装置已成功应用于湖南公司东江水电厂，运行以来情况良好，数据测量准确，装置运行稳定，报警及时，基本实现了设计目标。

2. 经济效益

节省炭刷状态检测人工费用。一台普通兆瓦级发电机有炭刷 50～120 个不等，每天巡视检测一次炭刷电流和温度，时间约为半天，人员为 2 人，巡视所发生的费用约为 0.02 万元。假设年均运行小时数为 3000h，则年均节省故障巡视费用约 2.5 万元。

减少发电机设备故障停运损失。一台 100MW 发电机组每停机一天，假设负荷率为 50%，则平均每天损失电量约为 120 万 kWh，假设平均每度电上网电价为 0.3 元，则可能造成电能损失 36 万元。因此一台 100MW 发电机因炭刷故障停运次数减少一次，即可减少企业因故障停运损失 36 万元。

3. 安全效益

水轮发电机炭刷状态检测为发电厂每日必检项目，人工检测方法需要检测人员在发电机大轴上带电工作，由于发电机转子转速及温度均很高，此处人工带电测试存在触电和被转动设备伤害的风险。采用该装置可彻底杜绝这类人身伤害事故隐患，从而提高企业安全运行效益。

五、项目参与人

国网湖南省电力有限公司电力科学研究院：晏桂林、徐波、郝剑波、闫迎、任章鳌、王军。

案例八

智能捕鼠器

一、研究目的

鼠、蛇等小型动物误入电网运行设备，造成设备故障和线路跳闸，已经成为电网安全稳定运行的重大隐患。目前，围挡封堵是变电站、配电室等场所防止小型动物易误入的主要防护措施。但是，围挡封堵存在点多面广易疏漏、封堵易被破坏等缺点，尤其是当气温降低，小型动物为了进入室内，可能主动破坏围挡，引发设备故障，因此围挡封堵不能很好地解决问题。

为了从根本上解决小型动物误入设备对电网运行造成的安全隐患，亟须设计一种诱捕合一、成功率高、环境无害、使用便捷的应用于变电站等场所附近的小型动物捕杀装置，以保证电网运行设备安全，降低运维成本，提高供电可靠性。

二、研究成果

该项目研制了一种集成捕鼠、灭鼠、报警提示等功能的智能捕鼠器，专门针对电站、配电房周边或站内鼠、蛇等小型动物的捕杀而设计，智能高效，同时对环境和人身安全无害，使用操作简单便捷。如图1所示。

图1　智能捕鼠器装置外形

该装置主要实现了以下功能：

1. 快速响应的捕鼠功能

该功能基于光电感应处理技术。通过投放食物的引诱，将鼠、蛇等小型动物引入装置内部，此时光电感应模块触发，并通过门控制电路将装置两侧孔门关闭，完成捕鼠。通过现场实验检测，装置启动率100%，捕鼠成功率100%。如图2、图3所示。

图2 诱鼠通道入口（开）　　　　　　图2 诱鼠通道入口（关）

图3 光电感应探头

2. 高效环保的灭鼠功能

该功能基于负压方式，当鼠、蛇等小型动物进入装置内被捕捉后，随即真空抽取模块启动，迅速抽取腔室内的空气接近至真空状态，采取窒息的方式，完成灭鼠。该功能对环境无毒害，也避免误伤人身，如图4～图6所示。

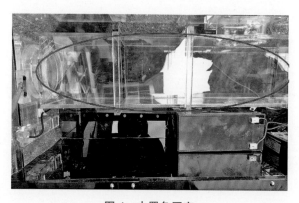

图4 内置负压室

图 5　真空泵

图 6　负压真空表

3. 实时短信通知功能

该功能可以发送通知短信至绑定手机，当装置两侧密封门关闭时，触发短信通知功能，向特定联系人报告捕鼠情况，如图 7 所示。

图 7　外置通信天线

4. 光伏发电装置自供电力

本装置顶部设有光伏板和光伏充放电器，可以在户外无电源场所通过光伏发电向装置供电，为装置设置在电缆通道管口、桥架通道口、站室入口等鼠患严重的地点提供便利，如图 8 所示。

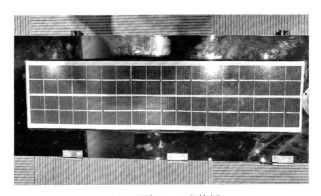
图 8　顶部 12V 光伏板

三、创新点

1. 采用响应灵敏快速的光电感应触发装置

采用光电感应触发装置作为信号出口，解决了传统简单机械触发或单向止逆捕鼠器可靠性低的问题，同时也为后续触发装置抽取真空和短信告知提供信号来源，可靠稳定。

2. 采用高效智能的多模块设计及电路

采用中心处理及控制芯片控制、门控制电路、真空抽取控制电路、短信预警电路等多个模块和电路，整个装置动作由控制芯片全流程处理，高效智能。

3. 采用抽取真空窒息法灭杀小型动物

采用真空泵抽取空气窒息灭杀小型动物，解决传统捕鼠手段灭鼠能力差，对环境和人身带来危害的问题。装置内各部件组装紧密，腔室的密闭性极高，实验验证灭鼠率100%。

4. 采用短信通知方式及时报告情况

采用短信发送方式，通知绑定手机，报告捕鼠情况，便于相关负责人快速处理。

四、项目成效

1. 企业效益

本套智能捕鼠器装置已成功应用于郴州公司部分变电站、开关站和配电房内，实际应用情况良好，小型动物误入率降低，捕杀成功率高，装置运行稳定，报警及时，实现了设计目标。

2. 经济效益

本套智能捕鼠器装置能有效补充变电站、开关站和配电房传统的捕鼠方式，捕鼠灭鼠率高，能够降低因小型动物引起设备烧毁、线路跳闸的风险，在各地市公司变电站、配电室及鼠患严重区域都可配备，有较好的推广价值，取得一定的直接经济效益；同时，在保护设备、减少跳闸、保障电网安全稳定运行、确保持续供电方面可以做出一定贡献，有较高的间接经济效益。

3. 安全效益

本套智能捕鼠器装置安全环保，可重复利用，对人无害；同时保障了电力设施和电网运行安全，设备故障减少，间接保障了抢修人员的安全。

五、项目参与人

国网郴州供电公司：罗聪颖、张新友、王帅伟、李虎、姜成元、谭聪、邓林海、王璞、黄欣、李丹、李武、李志为。